·自然文学译丛·

猫

历史、习俗、观察、逸事

[法]尚普弗勒里◎著

邓颖平◎译

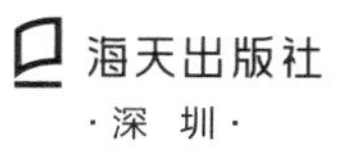

海天出版社

·深 圳·

图书在版编目（CIP）数据

猫：历史、习俗、观察、逸事 / (法) 尚普弗勒里著；邓颖平译. — 深圳：海天出版社, 2019.8
（自然文学译丛）
ISBN 978-7-5507-2684-0

Ⅰ. ①猫… Ⅱ. ①尚… ②邓… Ⅲ. ①猫—普及读物 Ⅳ. ①Q959.838-49

中国版本图书馆CIP数据核字(2019)第125910号

Les chats : histoire-moeurs-observations-anecdotes / Champfleury
根据1869年版本译出

猫：历史、习俗、观察、逸事
MAO：LISHI、XISU、GUANCHA、YISHI

出 品 人	聂雄前
责任编辑	胡小跃 戚乐也
责任校对	张 敏
责任技编	梁立新
装帧设计	龙瀚文化

出版发行	海天出版社
地 址	深圳市彩田南路海天综合大厦（518033）
网 址	www.htph.com.cn
订购电话	0755-83460239（邮购） 83460397（批发）
设计制作	深圳市龙瀚文化传播有限公司 0755-33133493
印 刷	深圳市新联美术印刷有限公司
开 本	889mm × 1194mm 1/32
印 张	6.375
字 数	100千
版 次	2019年8月第1版
印 次	2019年8月第1次
定 价	48.00元

序

献给我的朋友儒勒·特鲁巴[1]

为猫这么普通的动物长篇大论着实令人奇怪，它虽然展示了猫科动物的部分特征，但无法帮助人们全面认识大型猫科动物。不过，猫的定居习性使室内工作者可以随时研究它，而不必为此中断手头的工作。从炼金术士的实验室到作家的寓所，猫总是能和主人的陋室融为一体，特别是在作家家里。猫因此得到了和主人一样多的中伤，就像它也会写作似的。

猫和所有惹人爱抚、接受爱抚的生灵一样，比如说女人，既让一部分人的垂爱，也被另一些人厌恶，特别是形而上学者。

---

① 特鲁巴（1836—1914），法国作家，法国文学评论家圣伯夫的最后一任秘书。（本书除原注外均为译者注）

许多人同意布朗神甫[1]在那本乏味的《动物语言的哲学消遣》中所说的：“动物就是一群魔鬼。”而群魔之首就是猫。

笛卡尔认为所有动物都是“木偶”。要驳斥这一论调，就要使用一些形而上学的工具，我对此没有兴趣，而更青睐亚里士多德、普林尼、普鲁塔克、蒙田这样的智者，他们是在观察论证过的事实基础上提出疑问。

（动物智能的捍卫者蒙田。根据佩恩医生[2]收藏的画像绘制）

① 布朗神甫（1690—1743），原名吉约姆·布朗，除了担任神职，他还是作家和剧作家。

② 安塞姆·佩恩（1795—1871），法国化学家，酶的发现者。设立于 1962 年的安塞姆·佩恩奖就是以他的名字命名的，该奖每年只颁发给一位在纤维素及其产品在基础科学研究和化学技术方面做出卓越贡献的专业人士。

有些令人信服的博物学家认为，动物具备思考能力。首先是“自然历史之父”亚里士多德，他说：“动物都会模仿人类的一些动作。准确的模仿源于思考，而且小动物比大动物模仿得更准确。”

这与笛卡尔的木偶说相距甚远。

蒙田的相关论述更是多到让人不知如何选择。《随笔集》为动物智能提供了最丰富的“弹药库”，作者几乎每一页都在提醒人类不要自吹自擂。

他写道：“出于虚荣，人类觉得自己与众不同，拒绝与动物同仁、伙伴为伍，按照自己的喜好分配它们一些才能和力量。”

动物是人类的“同仁”，这位怀疑论者如此说，他给这个如此大胆的观点披上了天真的外衣。

蒙田把谨慎给了蜜蜂，把判断给了鸟类。他认为织网的蜘蛛会审时度势，再做决定。不了解动物的形而上学者会对动物谨慎，坚决，能判断、分析、思考等品质提出一大堆反对意见。

那些空想家从不抬头仰望蓝天和繁星，几乎从未想过有思考能力的动物在想些什么。

幸好还有善于思考和观察的人，他们渴望独立，对某些动物的独立性感到惊讶，开始与它们交流，研究它们的习性，搜寻整天关在实验室里的博物学家们所不知道的信息，得出大胆的结论，并凭借他们的性格、生活、才能和品德，让人们接受了这些结论。

博物学家奥杜邦绝对是科学权威，他生活在美洲的森林里，花费毕生精力写出《自然大观》[1]。他思想活跃，回忆探索大自然的经历时十分健谈，凭借聪慧的大脑，总能用事实佐证自己的话。他的叙述如此公正，人们对他所说的一切都深信不疑。

这位美国博物学家和富兰克林属于同一类人，他们是伦理学家，也是开明的信徒。思想如此深邃之人也认为动物具有通灵性。

研究两只自由飞翔的乌鸦时，奥杜邦写道：

“我多么希望像比翼双飞的乌鸦一样，发出婉转的音调。我敢肯定这些声音表达了这对佳偶的真情，多年的相濡以沫使这份感情历久弥新。它们就这样回想青春岁月，倾诉生活中的点滴，重温昔日的美好，**也许它们最后会向造物主祈祷**，让它们永远这样生活下去。”[2]

---

①《自然大观》是欧仁·巴赞（生卒不详，Eugène Bazin）将奥杜邦（1785—1851，美国画家、博物学家）的英语著作《美洲鸟类》译成法语时的书名。

② 奥杜邦，《自然大观》，两卷，8开，巴黎，1837年。——原注

其他人对这一观点可能有异议，我不再赘述，但这些足以证明动物有智能。现在我回到猫的主题上，解释一下为何童年时代与猫相伴的经历使我产生了研究猫的想法。

二

1848年革命披露出的丑闻中，有一件让我深感好奇，那就是内政部给《猫的解剖》的作者秘密拨了五万法郎。

政客背信弃义，抛弃旧主，这不是什么新鲜事。他们卑躬屈膝是为了得到金钱或者荣誉，这种事古已有之。然而在浏览令人发指的《回顾杂志》上的清单时，我惊讶地发现，从部长那儿领俸禄的文人中有一位作家因为写猫获得了五万法郎。

在路易·菲利普政府中受到如此优待的作家名叫施特劳斯·杜尔凯姆，他已经去世了。我必须要说的是，这个德国人知识渊博，毕生治学，退休后写了一些作品[①]，把猫捧成创造之王，换来五万法郎的巨款。

---

① 主要作品有《自然的法则》，三卷，8开，巴黎，1852年。——原注

他在专门研究猫的著作中附上了肌肉、神经和骨骼的插图，并对这些部位进行了细致研究。

我试着把这位博学的医生在解剖学上的努力用于对猫的习性研究。不过我只向大众索要补助，要是这本书不能标价五万法郎，那每位通过出版商给我报酬的读者也不会被记入《回顾杂志》的表格中。

尚普弗勒里

第一部分

第二部分

第一部分

第一章　古埃及的猫

博物学家去参观埃及文物展，看到那么多被制成木乃伊的猫和猫铜像，一定会想猫是何时进入法老王国的。当代研究对此无能为力，因为埃及学家没有在金字塔同时期的建筑上找到猫的标记。猫可能和马在同一时期被驯化，也就是在埃及第十四王朝末期（大约前 1668 年）。

这一时间早于迄今所知关于葬礼规制的最早记录，猫直到那时才出现在地下墓室的壁画上，它们有时被画在女主人座椅下，这个位置也出现过其他动物，例如狗和猴子。

也许是因为它的罕见和功用性，猫被奉为神兽，这一物种得以繁衍兴盛。

一些画证明了它的功用：画中的捕猎发生在尼罗河流域的湿地，猫从小舟跃入水中捕捉猎物[①]。

驾着轻舟在沼泽中捕猎的埃及人常有家人、仆人和动物相随，动物中比较常见的就是猫。

（梅里美根据大英博物馆收藏的埃及画绘制）

① 我们知道古埃及人特别擅长训练动物，猫扑向水中的猎物就是例证。今天，农村地区的饿猫也会小心翼翼地把爪子伸进池塘，捕捉游到跟前的鱼，但它肯定没有祖先的捕猎技能。要是猫帮猎人从湿地里把打下来的鸭子叼回来，人们一定以为看到了奇迹！——原注

底比斯的一座墓室里的捕猎图描绘了这样的场景：一只猫像小狗一样立在主人脚边，主人正要投一个类似于澳大利亚人用的“飞去来器”的弯棍。大英博物馆收藏了一幅底比斯墓葬中的画，埃及学家威尔金森为这幅画配的文字说明如下：

“受宠的猫偶尔陪主人打猎，画家对此十分确定，所以画中的猫抓着猎物。画家想告诉我们，人们已经把这种动物训练得会捕鸟，并且把猎物献给主人。”①

梅里美先生为我提供了这幅画的局部临摹。画面中，猫把捕到的鸟带给船上等候的主人。这类出现了猫的画属于第十八王朝和第十九王朝（大约前1638年到前1440年）的作品。

最古老的与猫有关的文物是在底比斯哈纳王陵发现的，陵墓入口的石柱上立着国王哈纳的雕像，他的猫布哈奇就蹲在脚边。

我们的博物馆里有大量来自埃及的铜像和泥塑，其中一尊铜像是一只蹲着的猫，它戴着项链，上面饰有象征太阳的假眼，竖着的猫耳朵还戴着金饰品。

---

① 威尔金森，《古埃及人的风俗习惯》，8开，伦敦，1837年。——原注

（罗浮宫埃及馆收藏的铜像）

古埃及布巴斯提斯的钱币上也有猫的图案。那里的人崇拜贝斯特女神。作为贝斯特女神的第二化身，贝斯特女神猫头人身，手持叉铃，象征和谐。活着的时候，猫作为女神的化身，在贝斯特神庙享受礼遇；死后，人们用香料为它做防腐处理，然后风光大葬。

一些丧礼上用的女性塑像上刻有“母猫”的字样，这是向贝斯特女神致敬。今天，一些男性会用“我的小猫”称呼妻子，这并没有任何宗教意味。

在布巴斯提斯、斯派奥斯阿尔特米多斯、底比斯等地，有的木乃伊猫的面部是彩绘的。

（罗浮宫埃及馆的木乃伊猫）

这些奇怪的木乃伊猫形态细长，看上去像是用草绳包裹起来的名酒。

这只猫是否灵敏？我们不得而知。可以确定的是，它曾受人敬仰，有绷带和香膏为证。

猫的象征意义依然是个谜，因为赫拉波罗①和普鲁塔克②这两位历史学家的叙述不一致，他们援引的传说相互对立。

根据赫拉波罗的说法，在供奉太阳神的赫里奥波里斯神庙，猫是受人爱戴的动物，因为它的眼珠大小会随着太阳的高度变化，这一特质使它可以象征太阳这一伟大天体。

普鲁塔克在《论伊西斯和奥西里斯》中写道，母猫的图像原本出现在音叉顶端，是月亮的象征。阿米欧③说："因为它的毛皮多样，因为它在夜间劳作，因为它一胎生一只小猫，二胎生两只小猫，三胎生三

---

① 公元四世纪人物，是古希腊研究古埃及文字的学者，也是西方最早试图破译古埃及文字的人。

② 普鲁塔克（约46—120），生活于罗马帝国时期的希腊作家，以《比较列传》（常称为《希腊罗马名人传》或《希腊罗马英豪列传》）一书留名后世。

③ 雅克·阿米欧（1513—1593），法国人文主义者，以翻译古希腊作家的著作闻名。

只，以此类推直到第七胎生出七只小猫，这样总共生出 28 只小猫，和一个月的天数相同，因此它的瞳孔会在月满期变大，在月亏期缩小。”

也就是说，赫拉波罗看到了太阳和猫眼变化的相似性，普鲁塔克则认为与之类似的是月亮。

现代科学认为这些现象可以用光学原理来解释，至于星宿对人和动物的影响，就留给巫师去分析吧！

至于普鲁塔克说的猫多胎产仔的故事，我们可以归入旧时博物学家喜爱的奇谈之列。

希罗多德[①]的代表作《历史》也好不到哪儿去。“雌性动物产崽后就不愿意靠近雄性。雄性想和它们交配，却无法得逞，它们便想出掳走幼崽的主意。雄性们把幼崽带走，杀掉，但不会吃它们的尸体。失去幼崽的雌性渴望幼

（装木乃伊猫的匣子，藏于罗浮宫）

---

① 希罗多德（前 484—前 425），古希腊最早的历史学家之一，被西方世界誉为“历史学之父”。

崽，不再躲避雄性，因为它们热衷于繁殖。”

杜邦·德·内穆尔[①]继承了这种观点，在后面我会提到，不过我认为这是错的。进行纠正之前，我还是先说完希罗多德。

“出现火灾时，猫是超自然冲动的受害者。埃及人有条不紊地处置火灾，然而比起救火，他们更想救猫，因为猫躲在空隙里，在人脑袋上跳来跳去，甚至跳进大火。这种灾祸让埃及人深陷悲痛。有的猫自然老死后，主人会剃掉自己的眉毛。如果狗死了，他们会把头发和身上的其他毛发全部剃掉。”[②]

猫冲进烈火的事情有待考证。我更信任一位现代作家的描述——埃及人非常注重兴趣、性情和外貌的匹配，他们通常很早就给母猫选定伴侣。

怎样用埃及人的语言说猫？罗浮宫的古书中有Mau、Mai、Maau几种拼法，埃及学家在文物上还找到Chaou的拼法。一位博学之士写信告诉我，虽然拼法众多，但都要读成Maou，因为这是一个象声

① 杜邦·德·内穆尔（1739—1817），法国哲学家、外交家，著有《动物回忆录》。作为1783年英国承认美国独立的《巴黎和约》的起草人之一，法王路易十六赐予他贵族头衔，他可以在本姓“杜邦”后面加上“德·内穆尔”，内穆尔是他当时居住的小镇，位于巴黎南郊的枫丹白露。他的儿子伊雷内1802年在美国创立了杜邦公司。

② 希罗多德著，吉盖译，18开，阿歇特出版社，1860年。——原注

词，在所有早期语言里都很常见。

我无意嘲讽埃及学家们，不过可以肯定的是，翻译某些象形文字绝非易事，而且这种神秘语言可能也变成了木乃伊，被永远封存①。

（速写《猫》，画家里什泰 作）

---

①“在赫里奥波里斯大战之夜，
“我是鳄梨树间那只大猫；
“天神的敌人被击垮的那天，
“我来看守亵渎宗教的人。”
在其他文献中，这只伟大的猫被一些爱开玩笑的人判定为老鼠。
“在赫里奥波里斯鳄梨树间的那只大猫，
“其实是老鼠，把它称作猫是讽喻。
“我们叫它猫，是因为它做的事，
“换句话说，它做的就是鼠……”

对此，德·鲁热先生在《古埃及人丧葬礼仪研究》（文献杂志，1860年）说了很有道理的一句话，“这些注释完全没有解释清楚猫的象征意义”。——原注

第二章　东方的猫

著名埃及学家普里斯·德阿韦纳斯在埃及搜集到了大量研究艺术史的素材资料。旅居海外时，他也研究当地风俗。

这位学识渊博的旅行家好心地为我从笔记中摘抄了猫在埃及被驯化的内容。

“拜伯尔斯一世大约在伊斯兰教历纪元 658 年（1260 年）开始统治埃及和叙利亚，出生于的黎波里的纪尧姆教士把他描述成勇猛如恺撒、残暴如尼禄的苏丹。他特别喜欢猫，去世后把他在开罗城外的清真寺附属庭院留给了流浪猫，这处名为‘猫的果园’的庭院为流浪猫提供庇护。后来，总督以无产出为由卖掉了这处物产，收益层层克扣后每年仅剩 15 皮阿斯特。这笔钱和几处类似遗赠的收益都被用于购置流浪猫的食物。作为所有慈善遗赠的管理员，卡迪[①]命人每天在晡礼[②]时分，在法院的大庭院里给猫提供碎肉，这些碎肉是屠宰场扔掉的动物内脏等肉料。平时，猫趴在房顶的平台上。为了吃上这顿饭，它们向法院进发，沿着开罗的街道，从一栋房子跳到另一栋房子，借着阳台和矮墙跳到地面，然后在法院的庭院里分散开。由于提供的食物数量有限，它们会争吵，发出喵喵的叫声，甚至狠狠地打斗。'常客'很快就开始大快朵颐，年轻的和新来的不敢参与争斗，只能舔舔地上的碎渣。想遗弃猫的人一定能在这场奇特宴会上完成任务。我见过一些人拎着箱子来到这里，箱子里装着不少惹恼了邻居的小猫。"

在意大利和瑞士也有类似的机构。我听说在佛罗伦萨有一间猫收容所，在圣洛伦佐教堂附近的修道院里。如果有人不能或者不愿继续养猫，可以把猫送到

---

① 卡迪是伊斯兰教教职，系阿拉伯语音译，意为"教法执行官"，即依据伊斯兰教法对穆斯林当事人之间的民事、商事、刑事等诉讼执行审判的官员。

② 伊斯兰教规定的每天五时礼拜之一，在中午和日落之间。——原注

这里，修道院会给猫提供食物，善待它们。同时，任何人都可以来这里选猫，带回家养，这里的猫品种多、毛色全。这是佛罗伦萨遗留下来的一所奇特历史机构。

在日内瓦，猫可以在大街上闲逛，就像君士坦丁堡的狗一样。这里的人尊重猫，总想着给这些自由的动物留点食物，于是猫每天准时出现在居民家门前，然后在那里进食。

现在我要回到埃及，回到普里斯·德阿韦纳斯先生的笔记中：

埃及的猫比欧洲的猫更粘人、更合群，可能是因为它们得到的照料和爱护多到足以让它们大着胆子到主人碗里进食。

阿拉伯人敬奉猫、不取猫的性命还有别的原因。阿拉伯人普遍认为神灵会附在猫身上，在家中游荡，他们还编了很多和《一千零一夜》一样神乎其神的故事。底比斯人更迷信，他们的想象力已经不知不觉将自己麻痹，像患上蜡屈症一样动弹不得。他们说，双胞胎不论男女，稍晚出生的那个被称为“巴拉斯”，这个孩子有一段时间甚至一生都会时常表现出对某些食物的不可抑制的欲望，有时两个孩子都会这样。为了方便自己满足欲望，他们会变成动物，通常是猫。当他们的灵魂变身成其他动物时，躯体便如同行尸走肉。欲望满足后，他们立刻恢复原形。在卢克索，我曾经准备杀掉一只经常祸害我家厨房的猫，附近的药剂师一脸惊恐地跑来恳请我不要杀害这只动物。他跟我说，他的女儿很不幸，就是“巴拉斯”，她曾经变成猫，偷吃过我家的甜点。

犯通奸罪被处死的女人会和一只母猫一起被缝进袋子里，沉入尼罗河。酷刑中的这缕温柔可能源于某种东方理念——所有雌性动物中，母猫最像女人，因为它柔顺、伪善、温存、善变且易怒。

（日本版画中的猫）

第三章　希腊人和罗马人的猫

埃及人如此喜爱崇拜猫，希腊人和罗马人却对猫毫不在意，这多少让人觉得奇怪。

埃及艺术家透过猫的毛皮看到庄严线条；希腊雕塑家致力创作宏伟作品，没有把猫融入其中，这还勉强说得过去；喜欢描绘家庭场景和惊奇之物的罗马人无视猫的存在，这就很难解释得通。

猫在雅典和罗马遇冷似乎是它在埃及受欢迎的“反作用力”，因为只有罗马帝国衰落期的诗人写过猫。考虑到埃及文物上的猫和罗马帝国末期文物上的猫，生活时间相距甚远，我还是秉持威尔金森的严谨，这份严谨使他在壁画上看到类似于今天的猫的动物在芦苇荡里捕捉被埃及人击伤的鸟时不急于下结论。现代博物学家曾认为，被制成木乃伊的猫和我们养的家猫同属一类，后来才发现猫有一些特别的变种。（参见附录）

埃及人狩猎时带的猫科动物更像是猎豹，它的毛色和食肉动物有相似之处。

希腊人和罗马人肯定不愿在家里养这些野性十足、能帮人类狩猎的动物，否则家中永无宁日。然而忒奥克里托斯的《叙拉古人》中，女主人这样训斥女奴：

“普拉克欣诺喊道，哎，快拿水来。她可真慢，跟猫一样总想懒洋洋地躺着。动起来。快点拿水来。”①

忒奥克里托斯把懒惰的女奴比喻成猫，让我们对猫这种动物的生存环境有了一定的了解。当时，家猫肯定十分常见，诗人才会把它的形象用在这段对话中。

从埃及第十三王朝（前 1638 年）艺术家把猫的

① 《希腊诗歌》，第一卷，18 开，勒费夫尔和夏庞蒂埃著，1842 年。对于“猫总想着懒洋洋地躺着”这句话，一些研究古希腊文学的博学之士告诉我受到忒奥克里托斯这句话的启发，他们认为“猫的爱好就是懒洋洋地躺着。”——原注

（高卢罗马时期的棺椁，图案是女孩、猫和公鸡。波尔多博物馆收藏，高85厘米，宽48厘米）

形象作为陵墓装饰到出生于前310年的诗人忒奥克里托斯在《叙拉古人》中写下这段俏皮的对话，这期间的漫长岁月里，人们没有找到任何关于家猫的记录。

不妨做个大胆的假设，我们是否能把猫的驯化视为罗马帝国末期的偶然事件，所以雅典人和罗马人对此毫不在意？就像驻扎在非洲的法国军官征战阿尔及尔时驯养幼狮，人们出于好奇收留了一对埃及猫，失去自由的猫经过漫长的驯化、变种，被人们判定为擅长捕鼠的有用动物。虽然诗人不太了解它，镶嵌画艺术家却将它的形象长存在作品中。

阿加提阿斯是罗马帝国末期的讽刺诗人和律师，住在君士坦丁堡，他见证了527年到565年查士丁尼一世的统治。他留下两首与丧事有关的诗，猫在这两首诗里的形象都不太好：

我的竹鸡，从石堆和欧石楠中蹦出来的小东西，柳条制成的小屋不再属于你。旭日升起，你再也不能张开翅膀，感受太阳的热度。猫弄断了你的脑袋。我夺回你的残躯，可恶的家伙不能大快朵颐。对你来说，土地不再轻如无物，一层厚土将盖上你的残躯，以免你的敌人把你掘出。

阿加提阿斯写诗排遣悲痛，洒下几行苦泪，诗人着手报复，这也成了第二首诗的主题：

家猫吃了我的竹鸡，还得意地继续住在我家屋檐下。不，亲爱的竹鸡，我不会让你白白死去，我要在你的墓前杀了这个凶手。如果我不能像皮洛士在阿喀琉斯墓前那样报仇雪恨，你的阴魂将饱受折磨，无法安息。

这只可怜的猫因为吃了一只竹鸡就要被杀掉，祭奠阴魂。

阿加提阿斯的弟子、被同时代的人称为“语法论著的神圣评注者”的达摩克利斯对老师的痛苦感同身受，他也写诗咒骂这只猫：

可恶的猫，你是阿克泰翁[①]的恶犬，跟这些杀害主人的狗没有区别。吃主人的竹鸡就是吃主人。你现在只想着竹鸡和那些跳着舞、开心地吃着你瞧不上眼的美味的老鼠。

达摩克利斯用词如此狠毒，人们怀疑他是在讽刺自己的老师。这就是一只竹鸡引起的纷争。对猫的这

① 阿克泰翁是希腊神话中的猎人，他偶然看到狩猎女神阿尔忒弥斯沐浴，被阿尔忒弥斯变为牡鹿，被自己的50只猎狗咬死。

些咒骂，甚至将它和阿克泰翁的恶犬相提并论，似乎过于沉重。

不管达摩克利斯出于何种目的写诗，我们都能从这些文字中看出，在罗马帝国晚期，猫的地位远低于被奉为神明的埃及猫。

我参观过多家古代博物馆，查阅了大量文献资料，也咨询了考古学家，得出的结论是猫从来没有出现在希腊和罗马的装饰瓶、纪念章或者壁画上。

国家图书馆印章钱币部门收藏了一只玉髓权杖[①]，权杖和穗饰之间刻着：

LVCCONIAE

FELICVLAE

部门总管夏布耶先生在目录上写道：“印章上的文字为我们提供了主人的名字，这是一位名叫卢克妮亚·费里库拉的女性。费里库拉的意思是小母猫。作品应该是创作于罗马帝国后期。”

我们的博物馆里极少有罗马帝国衰落期与猫有关的文物。在外省和意大利，驯化猫的证据稍多一些。

---

① 考古学家凯吕斯和部门总管都认为权杖其实是发簪。——原注

米澜[1]在奥朗日见过一幅猫抓老鼠的镶嵌画，不过猫的部分损坏了[2]。

（《猫捕鸟》，根据那不勒斯博物馆收藏的镶嵌画绘制）

庞贝古城发现的镶嵌画更有说服力。猫咬着鸟的脖子的画面正好为同时代古希腊讽刺诗[3]提供了注解。

在波尔多博物馆，一幅高卢罗马时期棺椁上的图案是一个女孩抱着猫咪，脚边站着一只公鸡。这一时期的人会在儿童墓中放一些玩具作为陪葬品，他们生活中常见的动物也会画在上面。可惜的是，这件四世纪的珍贵文物的主体，特别是我关注的猫的部分损

---

① 欧班－路易·米澜（1759—1818），法国博物学家。
②《法国南部游记》，第二册，153页，1807年至1811年，共四卷，8开。——原注
③ 普林尼认为，镶嵌画艺术属于苏拉统治时期，公元前100年前后。——原注

毁严重，只能看清大致轮廓[1]。

纹章学家还从拉丁语作家的文字中找到了一些信息。

（古罗马人的旗帜，出自《真实完美的纹章学》）

帕里约指出，猫经常出现在“罗马人大大小小的盾牌上”：

一个连的士兵跟着陆军上校前进，扛着白色或者银色的长盾，图案是一只孔雀石色或者说绿色，更准确地说是海青色的猫，这只跑动的猫歪着脑袋。同一团的另一个连的士兵们被称为“幸福的老家伙们”，

---

① 在头像的左侧有 DM/LAFTVS/PAT 三行字母，棺椁的另一侧被毁，因此我们看不到小姑娘的名字，但是她的父亲应该是叫 LAPITVS 或者 LAFITVS。——原注

他们的长盾上绘着一只刚出生的红色小猫，爪子抬起，好像在和人玩耍。陆军上校麾下还有一种盾牌上绘着第三只猫——被绿色环纹围绕的正在散步的红猫，露出一侧的眼睛和耳朵，盾牌边框为银色，举着这种盾牌的团被称为“阿尔卑尼”。[①]

我在这里提供一张帕里约书中的盾牌图案，帕里约认为罗马人使用过这种盾。

翻阅更多纹章学文献，我们可以找到更多图片，不过这些想象出来的东西并不能满足人们的好奇心。

（德拉克洛瓦的素描作品）

①《真实完美的纹章学》，巴黎，MDCLXIV，4 开。——原注

第四章　诗歌和民谣中的猫

刚写完罗马帝国末期诗人对猫的谩骂之辞就介绍乡间民谣里的猫，这有点奇怪。

作为保姆青睐的动物，猫是第一个回荡在孩童耳畔的，它总是和温柔轻快的旋律结合在一起。催眠童谣常常以猫为主角，孩子们脑海中浮现出猫咪的形象，然后沉沉睡去。

民谣诗人把猫引入自己的创作中，在下普瓦图[①]搜集到的一首关于猫鼠的歌曲就是最好的例证。

① 下普瓦图即今天法国的旺代省。

一群老鼠溜进舞池和剧院，

猫扑向老鼠，

一整晚，把它们吃光光，

咔嚓，咔嚓，

漂亮的猫咪，胡须脏，

咔嚓，咔嚓。

副歌中的拟声词使猫鼠的形象更加逼真，令孩童过耳不忘。

除了狼和鸡的故事，保姆常给孩子们讲的自然故事中也有猫。和铃铛一样，猫属于会动的东西，动起来的样子会一直印在孩童的小脑瓜里。

为什么猫会给孩童留下如此深刻的烙印？首先是因为它无处不在，即使是在最贫穷的家庭。还有它醒目的身形，以及易于记忆、短到一个音节的名称。

保姆哼唱的很多儿歌是关于猫的。

A，B，C，

猫咪走了

走到雪里，又回来了，

它的靴子全变白了。

德国人甚是喜爱这种天真童谣。在法国一些省份也有类似的诗歌，热罗姆·比若在《西部省份的民歌民谣》中提供了一个例证。

珍妮特的猫，

是只漂亮的宠物。

打扮自己的时候，

它就舔鼻子和嘴。

用自己的口水，

就能梳洗干净。

幼稚的歌词准确描述了猫的动作，就像画家用铅笔画的素描。

猫和老鼠经常成对出现在诗人和画家为儿童创作的作品中，这些作品通常不会阐释这种敌对关系，而是简单地展示强弱斗争。

我记得儿时家中装饰壁炉的画。画中有十多只各种颜色、不同品种的猫对着乐谱架，有黑的，白的，长毛的，杂毛的，胖乎乎的，歪躺着的。长方形的乐谱架上摊着经典的《意大利乐理》。小老鼠代替了音符，让人分不清二分音符和四分音符，它们的尾巴代表着八分音符和十六分音符。在它们面前，一只猫一本正经打着节拍，俨然是个指挥，然而猫爪按在乐谱上的样子让人觉得它是在故意逗弄困在乐谱中的老鼠。虽然 G 大调旋律悦耳，不过小老鼠们应该还是希望尽快脱身。

布吕赫尔[1]和同时代的弗拉芒画派的画家格外钟情这一题材。

孩子们的脑袋里充满了猫的图像，人们对猫有着共同的理解。贝洛[2]和挪威、德国、英格兰童话作家的作品就是这样，如《穿长靴的猫》《皮埃尔和他的猫》《惠廷顿的猫》的创作基础。

这些童话故事都取材于民间故事，这样的例子很多，我只举一例。夏多布里昂在《墓畔回忆录》中有几行文字非常奇幻：

“人们相信孔布尔伯爵有一条木质假腿，他在三百年前就去世了，但偶尔还会出现在人间。有人说在角塔的主楼梯上见过他。他的那条木腿独自游荡，只有一只黑猫陪伴。”

这是保姆给小夏多布里昂讲的故事。孩子长大后，经越了风霜岁月，担任了无数要职，成为一代名流。某日，这位伟人追忆丰功伟绩、卓绝斗争、爱情纠葛和政治遗产，在这片光辉背景中竟然出现了那只伴着木头假肢爬楼梯的黑猫。

① 老彼得·布吕赫尔（1525—1569），布拉班特公国画家。
② 夏尔·贝洛（1628—1703），法国诗人和作家。

在精英人士心中，儿时记忆比功名利禄更温馨动人。在伟人脑中层层叠叠的学识积累中偶尔也会出现一首保姆哼唱的儿歌，这就是人类智慧的独特之处——在某个角落还处于孩提时代，成熟之后还能重温儿时记忆。

这也能解释为什么众多优秀人士对猫怀有如此强烈的感情。

（黑猫和孔布尔伯爵的木腿）

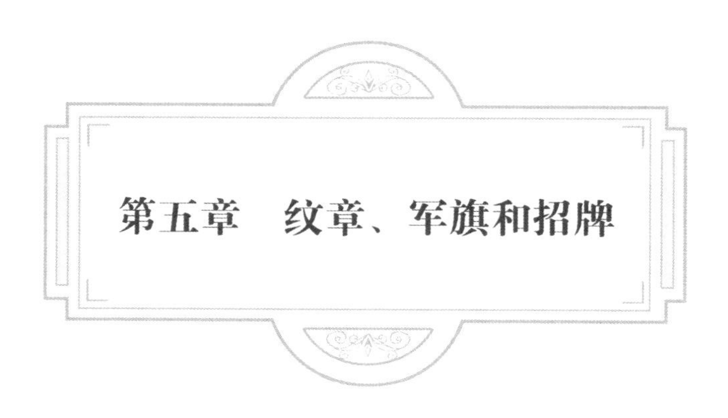

第五章　纹章、军旗和招牌

既然猫被视为神奇物种，自然可以成为纹章上的动物。纹章上不仅有寓意明确的名贵物种，还有想象出来的动物，对民众很有感召力。

纹章学家福尔松·德拉科隆比埃在《纹章学之书》中提供了几个以猫为图案的纹章。他写道：

狮子是独居动物，猫也是，它的瞳孔还受月亮的影响，随着月亮的阴晴圆缺改变大小。在昏黑的夜晚，它的眼睛熠熠闪光。月亮受太阳光线影响，每天都有变化。月亮对猫也会产生类似的影响，因此猫的瞳孔会在月满期变大，月亏期缩小。一些博物学家很有把握地说，月圆之日，猫在和老鼠对战时会更有力气、更灵敏，和月亏期有明显差别。

我更喜欢另一位纹章学家帕里约的解读，他从天体对立论中演绎出一个怪诞的传说：

猫带来的祸患远大于用处，它的媚态让人害怕，而不是喜爱，被它咬伤往往会致命。它给我们带来便利的起因十分可笑，传说世界诞生之时，太阳和月亮争先恐后为这个世界提供动物。炙热伟大、闪闪发光的太阳创造了血统纯正、俊美大方的狮子；月亮看着众神赞美这一杰作，便从地上变出一只猫，然而猫和狮子相比，无论是外形还是勇气上都差一大截，一如她和她的兄长太阳。月亮暗暗较劲的行为引得众神嘲笑，太阳对月亮试与他比高的行为十分不满，于是，

出于蔑视

创造了老鼠。

作为女性，月亮生性不服输，行动愈发离谱，创造了最可笑的物种——猴子。众神捧腹大笑。怒火在月亮脸上显现，她掀起狂风骤雨，威胁众神，用尽最后的力气向太阳发出终极报复：让猴子和狮子、老鼠和猫成了两对生死冤家。这就是猫仅能提供给我们

的便利的缘起①。

民众喜欢各色传闻，乐见君主领主把具有奇幻色彩的动物镶在旗帜上，所以我们也没有资格嘲笑中国的战旗。

古勃艮第人的纹章上就有一只猫。帕里约认为，克洛蒂尔德，“国王克洛维的妻子，勃艮第人，她的金色纹章上是一只正在抓老鼠的沙丘猫”。

（卡曾家族的纹章）

卡曾家族的蓝色纹章上的图案是一只叼着耗子的银白色猫。

利摩日王国的谢塔蒂家族的蓝色纹章上有两只银白色的猫，一只压在另一只身上。

那不勒斯的德拉加塔家族的蓝色纹章上有一只银白色母猫，上部饰有红色布条。

---

① 引自帕里约，前文已经提到。——原注

沙法东家族的蓝色纹章上有三只金色的猫，其中两只面对面，占据了纹章的上部。

欧洲的家族纹章中，还有很多使用了猫作为图案①。

猫的象征意义逐渐脱离奇幻色彩，变得越来越正面。中世纪逐渐远去，猫成了独立的象征。

这就是16世纪威尼斯印刷家族塞萨选择猫作为标志的原因。

（威尼斯塞萨家族印刷品的标志。尤金·皮奥②的收藏）

他们出版的书最后一页没有文字，只有被奇怪花纹环绕的猫的图案。当时，印刷术就像一缕阳光，阳光意味着解放。16世纪就是这样的，回想一下，多少伟人因为发明创新遭受迫害？又有多少自由思想家擎

---

① 详见尚普弗勒里著《大革命时期爱国主义釉陶作品史》，8开，当蒂出版社出版，1867年。——原注

② 尤金·皮奥（1812—1890），法国记者，文艺评论家和收藏家。

着点燃的火把?

尤其是在有那么多牺牲者的意大利，用猫作为标志绝非偶然。

16 世纪到 18 世纪，我没有发现什么用猫象征独立的物品。

《圣徒传记》中圣伊夫[①]总是与猫同行，亨利·艾蒂安[②]戏谑地说，猫是司法人员的象征。

直到法兰西共和国时期，猫才被重新启用，成为崇高的共和国徽章的一部分。在众多自由女神像中都能找到被挣脱的枷锁、顶着帽子的柱杆、丰饶角、猫和试图逃脱绑在爪子上的绳索的小鸟[③]。

温和的共和派画家普吕东以宪法为主题创作了一幅引人深思的作品，他是唯一赋予寓言动物温柔贞洁形象的画家。在这幅画中，智慧女神密涅瓦与法律女神、自由女神站在一起，法律女神身后是一群孩童牵着拴在一起的狮子和羊。自由女神手持长杆，杆顶有一顶弗里吉亚软帽，脚边蹲着一只猫。

---

① 圣伊夫被认为是与法律和审判有关职业的主保圣人。

② 亨利·艾蒂安（1528—1598），法国出版商、希腊学家。

③ 参见印刷品和绘画陈列室展品《自由女神》，布瓦佐的雕刻作品，原型为洗衣女工。——原注。印刷品和绘画陈列室现为斯特拉斯堡市立博物馆的一部分。——译注

（《自由女神》，根据普吕东[1]的画绘制）

共和国被推翻后，猫的统治地位也随之结束，它没能出现在革命时期的徽章上。长杆、象征自由的软帽、束棒[2]和平均主义比动物更深入人心。有时，我们得承认，在这一时期的艺术作品中，猫的形象不佳。它不再象征独立，而是背信弃义的代表。有本可恶的书，书名叫《教皇之罪》，其扉画就是一个主教，脚边站着一只猫，猫象征着虚伪和背叛。

① 皮埃尔·保尔·普吕东（1758—1823），法国画家，虽然在他创作时期古典主义艺术极其盛行，他的绘画风格却是柔美而感性的，是浪漫主义运动到来的预兆。

② 在古罗马时期，束棒是权威的象征。

在我们的父辈看来，猫并不是一种可爱的小动物，而是一个奇特的物种。我们可以从招牌上的猫身上找到证据，这些猫总是和一些奇谈怪论联系在一起，例如“绕线团的猫的家”。猫在店主的想象世界中占据了重要位置，这里并不特指修鞋匠，他们当然会在店门口画上“穿靴子的猫”。

猫的形体、它堪比妇人的狡黠、它被驯养后仍保持独立，这三个特征使它的形象常常出现在公共场所的作品中。如今，古老的风俗逐渐消失，十字镐敲碎了巴黎资产阶级心仪的一切，带着对老招牌消失殆尽的遗憾，我在伦巴第人聚居区一处罕见的遗存前驻足，位于街角的糖果店用两只古怪的黑猫装饰着相邻的墙角。

（位于圣德尼街的“黑猫”招牌）

第六章　中世纪猫的敌人

长期以来，猫被视为恶魔般的存在。它性格审慎，被当作巫师的同伴。它和猫头鹰还有奇形怪状的蒸馏瓶一起被归为炼金方士的专用器材，至少一些浪漫主义画家是这样理解的。

中世纪，巫师经常被处以火刑，一些饱学之士也被扔进火堆，猫肯定也被烧死过。野蛮人对思考者真是怒火中烧。

杜梅里尔[1]在一本介绍婚礼习俗的小册子中指出，

① 杜梅里尔（1801—1871），法国文献学家、中世纪历史学家。

人们在再婚寡妇窗下绑猫的做法印证了当时的一句谚语，大意是猫是淫荡之物。

在真实生活中，淫乱是猫的特色吗？可以肯定的是，它比狗知廉耻。我们确实能听到猫谈情说爱的声音。不过在城市里，猫通常只在房屋的檐沟上叫春，在家中最不常用的房间，如地窖、阁楼里幽会。狗却在大街上恣意妄为。猫常用夜色包裹情欲，狗却乐于在光天化日之下宣泄激情。

杜梅里尔写道，“人们觉得把猫扔进圣约翰节[①]火堆是在传承风俗”。勒伯夫神甫[②]在他的书中提到，1573年，一个叫卢卡斯·博美荷的人收到一张100苏巴黎币的收据，“因为他为圣约翰节提供了三年根据习俗需要扔进火堆里的猫”。

我认为，发生在过去几个世纪的暴行应该归咎于巫师和他们的猫制造的恐怖，而不是人们缺乏改革风俗的意愿。谨慎并非文艺复兴时期的主流道德品质，因为那时候还残留着不少野蛮风俗。我仅向《满意之镜》的作者借用两句毫无怜悯之意的诗来说明：

---

① 圣约翰节是庆祝夏至的民间节日，习俗之一就是在城镇中心广场燃起巨大的火堆。

② 让·勒伯夫（1687—1760），法国历史学家，同时也是神职人员。

一只猫跑了几步，

跳进沙滩广场[①]圣约翰节的火堆。

惊慌失措的猫像羊皮纸一样在火里扭曲，这一景象实在惨不忍睹。

其他民族也有猫殉的习俗，目的是让猫为某些仪式特有的嘈杂声[②]贡献自己的力量。

罗马帝国时期的人把这一习俗称为“猫的哀鸣”（lamentatio catrarum），意大利人把这种创造说成是“猫的音乐”（musica de’ gatti），德国人称之为“猫乐”（Katzenmusik）。

人们的奇思妙想还创造了其他猫乐，比如说猫制管风琴，在每个琴键上绑一条猫尾，于是喵声不断，声声相应。

这都是疯子的自娱自乐，他们只知道讨好王公贵族，搜刮奇闻逸事，附庸粗蛮风俗。

农民受旧俗影响极深，长期遵从圣约翰节的习俗，每个城市都会庆祝这一节日。在皮卡第的伊尔松镇，人们庆祝“毕乌尔第节”，即大斋期第一个周日

① 法国巴黎市政厅广场的旧称。巴黎市政厅位于塞纳河畔，这片区域过去被称为“沙滩码头”，取其布满细石砂砾之意。

② 中世纪，上了年纪的寡妇或者鳏夫再婚的婚礼仪式结束后，人们会通过叫喊、敲打盆桶制造嘈杂声。

夜。庆祝活动开始的信号一发，人们就提着风灯、筒灯在镇上疯跑，广场中央燃起的火堆是用每个人贡献的木柴堆起来的。人们围着火堆跳圆舞曲，男孩朝天鸣枪，乡村乐师被征调来拉小提琴助兴。一只猫在高处叫个不停，这只被绑在“毕乌尔第”柱上的猫会突然掉入火堆。这一场景让孩子们兴奋不已，他们发出“啃啃”声和周围嘈杂的声音融为一体。

几年前，猫摆脱了烈士的宿命。

这世上少一只猫不是什么大事，多一只猫却意义非凡。

火中救猫是农村文明进步的标志。镇里的人开始识字、思考，对孩子们有影响力的教师指出，烧死猫是不人道的行为，庆祝的火堆不会因为没有烤焦的猫肉而失色。

弗拉芒人比我们更人道，1818 年颁布的一项法令就禁止人们从伊普尔[1]塔楼上扔猫。弗拉芒人是在大斋期的第二个周三举行节庆活动，其中一项传统仪式就是把猫从高处抛下。从这一点看，弗拉芒人比法国人罪孽轻一些。

---

[1] 伊普尔是比利时北部城市，该地区使用弗拉芒语。

16世纪，人们发明了一种战术。在猫背上绑上气味难闻的炮筒，然后把猫放到敌人的阵营中，使得它们穿梭跑动，制造恐惧[①]。发明者是否也算是猫的众多仇敌之一？

（炮兵将领克里斯托弗·德·哈布斯普克 作。1535年，手稿被赠予斯特拉斯堡二十一人院[②]，现存于该市图书馆）

---

① 我要感谢罗来登·拉尔歇先生为我提供这一信息和配图，他走遍法国，拜访了无数家博物馆、资料馆和图书馆查找资料，写出巨著《法国炮兵起源》。——原注

② 13世纪到17世纪，斯特拉斯堡是自由市，二十一人院是该市的管理机构之一。

第七章　猫的其他敌人

——农民、统计员和猎人

村舍前，憔悴瘦弱、毛皮呈荆棘之色的动物们胆怯地看着孩童大口享用涂黄油的面包片。这些动物就是猫，它们知道不会有面包屑掉下来，让它们捡便宜。

家庭聚会时，猪被整只吃掉，猫却不敢进门，因为它们不仅得不到剩菜，还得挨踢。

它们就像狄德罗笔下在他出生的城市生活的猫。“朗格勒的猫如此贪吃，看着它们令人生疑的样子，人们会把施舍给它们吃的东西说成是它们偷的东西。”猫样貌可疑，贪吃，这并非朗格勒特有的现

（《农村的猫》，根据里博[1]的画绘制）

① 忒阿杜勒·里博（1823—1891），法国画家。

象，把朗格勒换成乡村地区，这句话也成立。这种论断在所有对猫有野蛮偏见的地方都成立。

冬天，壁炉里葡萄的嫩枝条烧得噼啪作响，狗懒洋洋地趴在门口，阻止猫靠近。只有大户人家，物质丰富到人和动物都可以享用，众生和谐，人们才能在椅子下面看到猫，它试着靠近在主人脚边做着打猎梦的狗。然而在那里，猫的命运依然悲惨——虽然它的用处毋庸置疑，至少比人类的朋友狗有用一些，但它的生活仍然得不到一丝保障。

村里的猫去哪儿觅食？在哪儿喝水？没有人操心。母猫下崽时会躲到阁楼最昏暗的角落，要是生病了，就到堆草料的窝棚里找个角落，度过生命的最后几日，不留遗憾。

农村人对动物和老人都很残忍，用他们的话说，这都是没用的吃货！

因此，猫只有施展技巧才不会饿死。

大自然把它们训练成猎手，这是它们的宿命这也引起了人类这个可怕的对手的怒火，人类随即向它们发起不公平的残酷战争。

图斯内尔[1]说："我从未见过自己出来寻找猎物的猫，除非它尝到我的子弹的厉害。"

这没有什么好自吹自擂的，而且这个人偶尔还写文章歌颂鸟类。杀害觅食的猫并没有让他满足，他还鼓励其他猎手模仿他的残忍行径，这位傅立叶主义者写道："我强烈建议猎手朋友学习我的做法。"

后来，图斯内尔先生并没有用这些建议把人们引入空想社会主义者傅立叶门下。

分析其中的情感因素，又不想神经过敏，是颇有难度的事，反感动物不能成为残害它们的理由。啊，我现在能理解佛兰德地区的暴动了，在那里，西班牙人被描绘成奸淫妇女、滥杀老人、烧毁房屋的恶棍。在画面的角落，画家还画了一个士兵，正在瞄准藏在榆树上的猫。这不过是个杀红了眼、嗜血如命的兵痞，而且这是十六世纪的事，当时法律的保护范围还没有扩大到动物界。今天，这些野蛮猎手觉得背着枪就无所不能，他们向猫发射无用子弹的行为着实令人厌恶。

① 阿尔丰斯·图斯内尔（1803—1885），法国作家，空想社会主义者傅立叶的弟子。

这位法伦斯泰尔[1]成员写的文章，并没有解释清楚他何来对无辜动物的怨念。

猎手写道："爱猫是思想污秽的人的弊病，一个有品位、嗅觉灵敏的人从来没有也绝不会亲近爱吃芦笋的动物。"

如果所有爱吃芦笋的人都要挨枪子儿的话，法国人口将会大幅下降。

猫是来自野外的物种，喜欢吃草，因为草料可以清理肠胃。生活在乡村地区的猫在梳洗毛发后会吃草和植物。在城市楼房公寓里，它们吃不到这些绿植，于是一到春天，它们就和主人一样想品尝鲜美时蔬，这难道不正常？

芦笋对人的健康有益，对猫也有同样的功效。这不能成为射杀猫的理由。

图斯内尔先生的另一大不满是家养母猫和野猫交配。照他的说法，如果家猫不频繁地和野猫交配，使之存续，野猫种群就不能繁衍至今。

傅立叶主义者继续写道："让人觉得奇怪同时值得注意的是雌性向野性回归，雌性的这种倒退违背了

---

① 法伦斯泰尔，法国空想社会主义者傅立叶幻想建立的社会基层组织。

动物界的普遍规律。我们知道对于所有动物和人类来说，进步要靠雌性完成。因此没有母狗接受比自己低等的丛林来客，比如说狼和狐狸，与此相反，每天我们都能看到母狼对公狗发出爱的呼唤，甚至主动亲近那些生活在丛林边缘的公狗。”

这些本需要证据支持的论点后面还跟着一串不合常理的类推，图斯内尔先生想借此证明，黑人女性接近白人男子，白人女性却从不屈尊接近黑人男子；同理，犹太女人向绅士提出结婚请求，绅士之女绝不自降身份，和犹太男子婚配；欧洲女人嫁到法国，但是鲜有法国女人嫁给法国之外的男性。

村里的母猫和野猫鬼混居然引来这一长串啰唆的比较。

我咨询过好几位博物学家，他们都说野猫在法国已基本绝迹。就算这些交配行为真的发生过，我们又可以从中得出怎样的结论？它们对于维护血统纯正是有价值的！村里的公猫母猫都不该承受朝它们脑袋发射的无用子弹。

乡村地区的家猫还有敌人，《实用农业简报》[①]记载了它们的诸多罪行。

该报数据显示，猫是最大的野味毁灭者。夜幕降临，猫就在村里游荡，它比钓鱼的渔夫还有耐心，守候天黑出洞嬉戏的兔子。猫的扑杀本领比豹子还强，它纵身一跃就能扑倒小兔，人们还指责它的爪子像鱼钩，能直接嵌进肉里。

夜莺在歌唱，突然歌声停止了，原来夜莺和它的歌声都掉进猫的大嘴里了。

农民在葡萄园布下机关捉麻雀。如果机关上只剩下几片羽毛，那一定是猫干的，猫爱吃麻雀这种长喙的鸟，发现时它已在大快朵颐。

和其他家禽毁灭者，如黄鼠狼、石貂、狼相比，猫最有害的一点就是它的独特优势，它可以大大方方干坏事儿，全然不会引起怀疑，因为它是在自己家干坏事。

农场里的细微声音都可以吓跑在周围窥探的狐狸。只有麦子长得足够高，才能给狐狸带来一条隐蔽

① 一种与农林业相关的期刊，法国国家图书馆目前能查阅到1837年至1938年间的两百多期简报。链接如下https://gallica.bnf.fr/ark:/12148/cb34378277z/date。

的路。

对猫来说，一团荆棘就可以藏身。躲到树枝上的猫比村里的顽童更能摧毁鸟窝。

猫还有特别的魔力，鸟会被它的绿眼睛迷得神魂颠倒，直接掉进它的喉咙。

狗在田野上草草巡视了一番，没能发现所有藏在其中的鸟。猫比狗思虑周全，它仔细查探四周，凭借爪子上的软垫，悄无声息地靠近猎物。连小山鹑都逃不过它的魔爪。

它的耳朵十分灵敏，能分辨出母兔召集小兔的叫声。听到这种声音，猫就出现了，然后小兔就被它召集到胃里去了。

野兔要提防狼，还要防着最残酷的对手——家兔。它可以到人类身边寻求庇护，然而任何动物都不愿被人类驯养。野兔喜欢篱笆和农场周围的壕沟。人们经常在菜园子里看到野兔。它也喜欢和牛棚里的奶牛做伴。仆人去储藏室取酒时偶尔会看到一对大耳朵，不过，那是残忍的猫在吞食上门寻求保护的小可怜。

根据原告的说法，狐狸、石貂、黄鼠狼、狼都没有出现在这些场合，鹞和大隼只是偶尔出现，在春分和秋分短暂飞来，然后就飞走了。野兔和家兔像被施了魔法一样消失了。根据这份证词，是猫在施魔法，平均每年消失的100只兔子中有90只是被猫吃了。

然而，乡村地区的猫身形消瘦，神态悲伤。

我已经叙述了它悲伤的原因。饱受打击而不是饱食肉糜；狗多招人喜欢，猫就多不招人待见，得不到任何抚摸；粗人不懂欣赏它的真情，将它放逐。猫在敏感中苦熬。没有友善的腿让它蹭来蹭去，农村人的声音对听觉敏锐的猫来说太过粗鄙。幼猫求食时会发出轻柔的喵喵声，却没有人听。猫渐渐开始厌恶人类，它最宝贵的品格也腐坏变质。它向孤寂的田野和森林寻求安慰，田野和森林却无能为力。所以乡村地区的猫神态悲伤。

《实用农业报》给它强加的罪行使它的消瘦显得毫无道理。按照这些罪状上的说法，小野兔、小家兔和小山鹑对这个凶残的食肉动物来说不过是开胃小菜。然而它还是像沙漠里的鬣狗一样瘦削。既然说它吃了如此丰富的野味，胃里的油水总得发挥些作用吧，也许在野外生存不如在城市里生活滋润，暖和的公寓比雾水更能显出毛色的光泽。

我们已经看到大量关于猫的罪行的记录。如果这些记录都是真的，那么这些数据比猫被指控的行为还要可怕。

法国共有600万栋农村住宅，每户至少有一只猫，这就意味着野味捕手的数量达到了数百万只。

因此，需要清除600万到1000万只猫。

编辑详细地罗列数据，命令乡村地区的地主禁止佃农、葡萄种植者、牧人、磨工、护林员和短工在家里养猫。对他和图斯内尔先生来说，一发子弹就能迅速解决问题。

这些数据并没有考虑谷物存储的问题，仿佛老鼠等啮齿动物根本不存在。人们也没有提到只要家里有猫，小麦破坏者就不敢靠近。

激情把猫的敌人引入歧途。光起草起诉书是不够的，被告有权要求人们听听它的证人证言。

如此轻率地批判它之前，人们是否仔细研究过猫在农村地区的作用？猫消灭耗子，保护谷仓，这些都是不可否认的事实。它是不是因此和黄鼠狼、伶鼬等动物成了敌手？

省议会关于有害生物的报告中曾奖励人们清除麻雀。一年后，人们发现它是益鸟，于是乡村简易法庭

（日本版画）

的法官又接到命令——严惩掏鸟窝的顽童。国务顾问、博物学家、法官、统计员的说法相互矛盾，这个省欢呼雀跃的消息在那个省可能会被喝倒彩。

我们缺少严谨的观察家和哲学家，来揭开自然奥秘。每个生物都有自己的使命，我们没有完成自己的使命。我们比我们指责的那些动物更有破坏力，在不自知的情况下，我们变成了弗朗什－孔泰地区流行的圣诞歌里的糟老头，被孩童的逻辑逼到死角后恼羞成怒，结束对话。

孩童问：“谁创造了星星？”

老人答：“上帝。”

孩童追问："那太阳呢？"

老人答："也是上帝创造的。"

老人继续说："竹鸡、山鹬、野兔、母鸡、火鸡、小兔，都是上帝的杰作。"

那些让孩子眼前一亮的东西都被歌词作者罗列出来，然后通过老人之口将这些都归功于造物主。

孩童接着问："请您告诉我，上帝是不是创造了跳蚤和臭虫？"

老人说："聒噪，言辞轻率的家伙，你要是再打断我讲故事，我就用火钳夹你的指头。"

第八章　法庭上的猫

猫经常卷入情节严重的案件，涉及遗嘱、对遗赠的解释、对前主人的禁令以及与之相关的谋杀。在所有动物中，猫最常出现在民事法庭和轻罪法庭。

这反映了人类对猫的深厚感情。也许有的人会指责单身汉、老姑娘、雇工和所有低层人士对猫的平庸爱好。不过，我要为困在单身“贝壳”中的老姑娘们说句公道话——因为没有嫁妆，她们失去了社会地位。贫困的生活使她们变得羞涩，羞涩使她们陷入孤独，于是她们失去憧憬，失去成家、嫁人、生子的愿望，将感情倾注在唯一的朋友——猫的身上，把爱抚放在猫的脑袋上。只要猫用眼神和满足的呼噜声回应这些爱，老姑娘们就能忘记哀愁和孤独。

猫并不是只能引起普通人的好感。著名的切斯特菲尔德伯爵[①]就给他的猫及其后代预留了抚养费。

在法国也一样，贪财的继承者攻击经过公证员公证的遗赠，他们指责离世亲人错爱动物，阻止遗嘱的执行。

禁止执行遗嘱的案件可能引出不少离奇之事。苦难因此大白于天下，还会暴露我们那些同类的内心失衡和贪得无厌。在这些令人难堪的庭审辩论中，某些人对家庭的蔑视昭然若揭，因为贪财，他们试图通过法律手段证明父母痴呆以撤销他们的遗愿。

前几年，一场官司引起了不少争议，一位男子申请禁止姐姐的遗愿，因为她“把她死去的猫的牙齿镶到戒指上”，在他看来，这种行为就是痴呆和痴愚。

克雷米约先生为猫的朋友辩护，他的辩词值得保存。

他大声说：“法官大人，律师同仁，我们是否忘

① 菲利普·道摩·斯坦霍普（1694—1773），切斯特菲尔德第四任伯爵，英国政治家和文学家。

了安托万·勒梅特尔[1]，他是我们最纯粹、最闪亮的同僚。在波尔罗亚尔德尚修道院[2]隐居时，他和他两位同样杰出的舅舅夜夜讨论时局，畅谈几小时后，他回到自己的小房间，逗弄两只猫，放松一下，猫的陪伴对他来说无比珍贵。每天早晨，猫会听到他醒来说的第一句话；每天晚上，它们会听到他一天中最后一句话。

“在我们身边，有一位塞吉耶女士，我向诸位介绍一下。不久前，她精心照料患病的爱猫，忍受它的离去并将它埋葬。她的子女完全理解她，不论是作为母亲还是女人，因此没有禁止她做她想做的事。

“乌达耶将军的大名，你们都听过。他和他的宝剑一样锋利，从普通军官一路晋升到炮兵将领。他一生温柔待猫。童年就在自己的房间里养了三只猫。担任上校时，他率部从图卢兹转战梅茨，后来他独自返回图卢兹，把猫接到新驻地。

“沙俄最后一位大亲王请著名画家为自己的猫画

---

① 安托万·勒梅特尔（1608—1658），三十岁就成了巴黎最耀眼的律师之一，1639年，放弃律师职业，成为波尔罗亚尔德尚修道院的第一位隐士，并担任教员，其中一名学生就是著名作家拉辛。

② 巴黎西南郊二十多公里的波尔罗亚尔德尚修道院是当时一批著名学者的隐居之地，他们被尊称为隐居者。在巴黎市内还有一个名为波尔罗亚尔修道院。

像，和皇家图书馆的镇馆名画一起展示给参观者。”

我从未在皇家图书馆看到这幅画。这本书审校期间我在旅行，无法分身去验证克雷米约先生说的话。不过，著名律师本可以在辩词中加入一些响当当的外国人名，这些人生前就表现出对猫的热爱。塔索[①]不是把最美的十四行诗献给了他的猫？普鲁塔克[②]爱猫胜过美人萝拉，他甚至命人把这只猫制成木乃伊。

D'après la fameuse estampe de Corn. Wisscher.

（根据科内利斯·维舍的著名版画绘制）

① 托尔夸托·塔索（1544—1595），意大利诗人，他的作品有《里纳尔多》（1563 年）、《阿敏塔》（1573 年）、《被解放的耶路撒冷》（1581 年）等。他的作品对欧洲文学产生了重要的影响。

② 罗马帝国时代的希腊作家，哲学家，历史学家。

英国人至今仍记得沃尔西枢机主教以国王首席顾问身份接见客人时，总是让他的猫坐在宝座旁。

很遗憾，我没能抽出时间请人临摹一幅英国版画，这幅画是15世纪伦敦市长威廷顿的肖像，他右手放在一只猫身上。画是根据新门监狱旧址安放在壁龛里的一尊雕像绘制的。

英国人用现代统计方法计算猫的数量，这一数字超过了35万，在司法裁决时，英国人比无动于衷的法国人更关注猫的安危。

离开民事法庭，我们来到乡村简易法庭，在这里，我们能看清家猫到底面临多大风险。法律对它们保护不力，使得它们在晚上稍有闪失就会被拾荒者处死。人们以为拾荒者会把它卖给低档餐馆，然后被烹饪成白葡萄酒烩肉，其实拾荒者的交易对象是玩具制造商。

我在海狸街参观过一间把猫制成玩具的工厂，此次参观的生动回忆被我写进《巴黎生活的假面舞会》的前几章，很多人在报纸上讽刺我，其中一些不乏幽默，他们觉得我写得太真实了。

我不想再重复这一话题，不过需要提醒各位的是拾荒者诱骗猫的方法——利用缬草的气味，他们处心积虑地把这种草放在最容易捕到猫的地方。

这些拾荒者极少受到法律惩罚。

1865 年，枫丹白露乡村简易法庭宣布禁止使用这种引发了巨大争议的陷阱。

当时一位居民愤怒地发现附近的猫在他家花园里交配，他布下缬草陷阱，抓了不下 15 只猫，直到这种动物彻底消失，平静小城开始流传血腥故事。

野蛮房主的邻居联合起来告他。经过长时间论证，乡村简易法庭法官理查德先生做出了判决，判决郑重陈述了猫的性格和习性、法律原则和法律条文。有些人揶揄这份庄重，我认为这非常不对。

他的理由包括以下几条：

法律不允许任何人自行伸张正义；

刑法第 479 条和拿破仑法典第 1385 条承认：有的猫，特别是野猫，是有害动物，清除这种有害动物的人可以得到奖赏，但是在立法者眼中，家猫不在此列；

如果家猫不是“无主财产”，而是属于某个人的财产，那它就受法律保护；

由于猫在对付啮齿动物时的作用是无可争辩的，

公正性要求人们宽待这种被法律包容的动物；

猫，即使是家猫，从某种意义上说也是混合物种，也就是说一种永远保留野性的动物，而且必须让它保持这种野性，如果我们希望它提供我们期待的服务。

虽然1790年编号4的法典的第12条结尾允许人类杀家禽，但是把猫视为家禽是错误的，因为家禽迟早会被杀掉，而且它们可以在封闭场所“接受监管”，这些描述对猫显然不成立，我们也无法将它锁起来，如果我们想让它顺应天性。

虽然杀戮权赋予人类在某些情况下杀掉狗这种即使没得狂犬病也具有攻击性的危险动物，然而并不能就此认为也有杀猫权，猫作为随时逃跑的动物，不具备制造恐惧的能力。

任何法律条文都不允许公民制造陷阱，用诱饵吸引整个街区无辜的猫和有罪的猫。

不希望别人对自己的所有物做的事，人们都不应该施加在别人的所有物上。

根据拿破仑法典第516条，所有财产均受到保护，无论是动产还是不动产，而猫是受法律保护的动产（这与该法典第128条的规定正好相反），因此猫被杀害后，猫主人有权按照刑法第479条第一节的规定，要求惩罚故意损害他人动产的人。

以上是乡村法官理查德列出的主要理由，这些理由一定会让动物保护协会成员心花怒放。

这些理由本应具有法律效力，却在轻罪法庭随后的一桩诉讼中遭到攻击。被告律师援引枪杀猫的猎人的信条，这种残忍无比的说法居然得到了法官的认可。

温柔对待动物是文明的标志。对动物展现人性意味着对同类展现人性。蒙田认为动物比人们想象的更接近人类。

第九章　猫的朋友

有人伤害猫，也有人爱猫如命。

猫的顶级支持者中有两位了不起的政治领袖——穆罕默德和黎塞留。

我要试着分析某些政治人物喜爱猫的原因。

这些鼓动人民的伟人通常很快会对人产生厌倦，大多会喜欢上爬行动物。

钱、地位、头衔和荣誉能换取的最纯粹的东西，他们都十分了解。

在这方面，政治人物不会抱有幻想，否则他们成不了伟大的政治家。

因此，他们喜欢独立的动物，而在所有动物中，他们最喜欢遗世独立的猫。

我认为穆罕默德和猫咪米艾扎[①]的故事就是很好的例证。

穆罕默德在思考政策时，米艾扎趴在他的长袖上。

猫打着呼噜，这种美妙的低音伴奏有助于思考，穆罕默德陷入沉思。

也许先知在思考和天堂有关的问题。他沉思良久，猫都睡着了。

穆罕默德要起身办事，于是拿起剪刀剪断袖子再起身离开，以免打扰沉睡中的猫。

这是一个东方传说。

这则故事说明了什么？人们从中可以得到哪些启示？那就是先知对动物极其温柔，他为人民做出了极为仁慈[②]的表率。

---

① 我们清楚地知道穆罕默德曾经拥有过什么，他有九把宝剑、三杆长枪、三张弓、七副铁甲、三块盾牌、十二位夫人、一只白公鸡、七匹马、两头骡子、四匹骆驼，还有仙马布拉各，先知就是骑着布拉各升天的，还有一只名叫米艾扎的猫，他特别喜欢这只猫。在穆罕默德生活的年代，阿拉伯半岛上的猫并不多，只有尼罗河谷地区的人爱猫、敬重猫。杜纳福尔在他的《黎凡特之旅》中提到穆罕默德和猫，这应该是法国第一本记载这一故事的书籍。——原注

② 先知在离世前说过：“如果有人抱怨我以前曾经虐打过他，这就是我的背，他无需畏惧只管把那些打击还给我。”——原注

这就是管理国家、建立帝业、创立宗教的人的成功秘诀——怜悯体恤弱者。这样一来，女人率先站到他们身边，因为保护儿童和动物是属于女性的情感。

武力、暴力、酷刑只是政府的临时手段。坚信、仁慈、怜悯这些品质才会永远和人民领袖的名字联在一起。

（黎塞留[1]枢机主教）

① 黎塞留（1585—1642），法王路易十三的宰相、枢机主教（又称红衣主教）。在他当政期间，法国王权专制制度得到完全巩固，为日后太阳王路易十四时代的兴盛打下了基础。

另一位政治人物黎塞留枢机主教对猫的感情不太一样。他也喜欢和猫打交道，但他不会为了猫的安眠剪断长袍。根据历史上的说法，他喜欢猫的方式很自私，只是为了让自己高兴。

史书中是这样描述的：黎塞留脾气不太好，不过他懂得自控；他喜欢女人，但对她们十分吝啬；爱戏弄人，一有机会就故弄玄虚，只为了得到些许笑声。不过这并不能使他的真性情变温和。

达尔芒·德·黑欧[①]的《历史趣闻》中有一段对黎塞留性格的精彩分析。

“他经常深陷忧郁，不得不命人去找布瓦科伯特[②]等人来为他排忧，他对这些人说，‘如果你们有秘诀的话，请让我高兴起来。’于是每个人都开始做滑稽动作。情绪好转后，他就继续工作。”

有人说，黎塞留在办公室里总有小猫陪伴，他喜欢看它们嬉戏打闹。不过他并不是猫科动物的真朋友，因为当小猫长到三个月大的时候，他就让人把这

---

① 达尔芒·德·黑欧（1619—1692），法国作家，他创作的《历史趣闻》是一本人物传记合集，记录了近两百名与他同时代的重要人物的生平。
② 布瓦科伯特（1589—1662），法国诗人和剧作家。

些猫送走，然后弄一批更年幼的猫来。

这些猫相当于街头艺人或者说一群受他供养的小丑。这群不安分的小动物一刻不停地为他表演喜剧。不过枢机主教大人不会关心猫的孕育、恋爱、养育、遗传、智力发育等，令研究猫的博物学家兴致盎然的事，政治人物觉得毫无价值。

同时代的画家为黎塞留画的肖像画中，他大多是和锁着的狮子、鹰在一起的。

为什么没有他和猫在一起的肖像？如果有的话，我们就能看到这位政治家私底下的样子①。

夏多布里昂是更体贴的猫之友。所有作家中，他最擅长写猫，而且写得最合理，风格最佳。

虽然夏多布里昂属于绝望者民族，这个民族也因此沦为二手的拜伦式民族，但他总是和猫紧密相连。无论走到哪里，他都会照顾猫，无论富贵贫穷，无论

① 虽然蒙克利夫（1687—1770，法国作家、诗人，1727年出版了《猫的历史——论猫在社会上的重要性、与其他埃及动物相比的重要性以及它们享有的特权》。）在以猫为主题的著作中口吻戏谑，但他确实花了很长时间研究猫。令人惊奇的是，他只字未提黎塞留对猫的喜爱。这件与伟大政治家相关的事是不是在源头上就搞错了？蒙克利夫写道："法国历史上最杰出的大臣之一柯尔贝尔（1619—1683，法国政治家，长期担任财政大臣和海军国务大臣，是路易十四时代法国最著名的人物之一。）的办公室里总有一群嬉戏打闹的小猫，对国家意义重大的部署也出自这间办公室，这一点无人不知。"——原注

他的身份是驻外大使还是流亡者。直到生命的最后，他被盛名所累，躲进林中修道院潜心文学创作，他还在照顾猫。

他如此欣赏猫，甚至觉得自己像猫。

他曾笑着对友人马塞洛伯爵说："您没发现在这里有人很像猫吗？我觉得，我和它们长期亲近，已经学会了一些猫的姿态。"

让夏多布里昂深感震惊的是猫的"独立"，就像他自己也曾与皇室亲近，但在皇室侵害其自由时，他不会低三下四，阿谀逢迎。

在这里我要引述夏多布里昂担任大使时和秘书的一段对话。

夏多布里昂对马塞洛伯爵说："我喜欢猫的独立和几近绝情的个性，它们因此不依附任何人，这种无所谓的态度使它们从容地游走于高档沙龙或出生时的檐沟。人们抚摸它，它就拱起背来，对它来说，这不过是一种让身体舒适的接触，这种爱抚却让狗傻乎乎地产生一种被爱的满足感和对主人的归属感，而主人对它们往往报之以脚踹。猫可以独自生活，不需要陪伴，它只在愿意的时候服从命令，它会装睡以便看清形势，它会抓挠一切可以抓挠的东西。布丰[1]猛烈抨击过猫，我正在努力恢复它的名声，希望假以时日能让它成为比较正派的动物[2]。”

实际上，夏多布里昂已经开始恢复猫的名誉，虽然他没有时间为此专门著书立说，但他在与政治相关却远比政治有趣的《墓畔回忆录》中多次赞美猫。

陷入贫困的夏多布里昂移居伦敦，1797年前后，他住在爱尔兰裔寡妇欧拉丽夫人家，欧拉丽夫人也爱猫，这成了他和女主人联系的纽带。

他在回忆录中写道：“这份共同的情感把我们连在一起，我们一起承受了两只可爱的小猫离去的痛苦，它们有着白鼬般的白毛，只在尾巴尖儿有一点黑毛。”

就这样，这种率性的、人们口中薄情的动物让两个陌生人产生了友情。

按照这位流亡贵族的说法，英国猫不如法国猫生动活泼。

谈到伦敦郊区井井有条的景致，夏多布里昂说：

① 布丰（1707—1788），法国博物学学家，代表作《自然史》。

② 马塞洛伯爵，《夏多布里昂和他的时代》，一卷，8开，勒维出版，1859年。——原注

“伦敦的麻雀被煤炭熏黑，在路上都不叫；听不到狗吠；人们把马也训练得不会发出嘶叫声。而猫，本身就很独立，也不在檐沟上喵喵叫。”

此时，夏多布里昂可能正处于聪慧之人常常会经历的痛苦煎熬期，所以他看到英国猫会感到难过。

在罗马当大使的时候，教皇赐给他一只猫。

马塞洛伯爵写道：“人们叫它米切多。我经常看到教皇利奥十二世送给夏多布里昂的猫拱着背，在主

（《夏多布里昂》，画家莫兰 作）

人的描写文字中它肯定出现过。其实，夏多布里昂在一部作品的开头就提到了它：‘我有一只棕灰色的大肥猫陪伴。’”

马塞洛先生补充道：“其他情感在夏多布里昂身上一一熄灭，他对猫的热爱从未消减。”

夏多布里昂曾告诉马塞洛：“我非常乐意为那些人类所嫌弃的上帝之作辩护，最靠前的就是驴和猫。”

这位伟大作家对猫的深情厚谊还有很多故事可以说。已经辞世的达尼洛曾长期担任作家的秘书，他向我复述了夏多布里昂在威尼斯斯拉沃尼亚人码头为猫辩护的激烈陈词。杰出的上司对猫如此感兴趣让秘书深感惊讶，他们同时还大肆夸赞鸽子。夏多布里昂用诸多论据捍卫挚爱的动物，达尼洛则继续发表对鸽子的溢美之词[①]。我当时没记笔记，现在很难复述争辩的主要内容。

敏感的人能理解猫，这其中有女人。诗人和艺术家在敏锐的神经的驱动下也会对猫产生钦佩之情，只有粗鄙之人对猫的独特视而不见。

米什莱夫人为我们讲述了一则趣事：

① 达尼洛在巴黎的住所十分破旧，还养了一百多只鸽子，他说：“我住在我的鸽子家里。”——原注

……来我家小屋最多最勤的就是穷人，他们知道来这里的路，也知道这里有取之不尽的施舍。所有人都会参与其中，动物也不请自来。附近的狗安坐一旁，耐心等着父亲把目光从书本转到它们身上，这看上去既有趣也有点奇怪。母亲比较理性，她原想疏远这些呼朋引伴的鲁莽食客。父亲虽然觉得自己做得不对，还是偷偷扔给它们一些剩余的食物，让它们满意而归……

比起狗，猫更得宠。这和父亲受过的教育还有他经历过残酷的求学年代有关。他和哥哥在刻板的家庭和冷酷的学校之间受尽打击，心灰气馁，只有两只猫带给他们一些慰藉。这份宠爱也被带进这个家，我们这些孩子每个人都有一只猫。全家聚会的情景令人赏心悦目，所有猫都毛皮鲜亮，端坐在各自小主人的椅子下。

只有一只缺席。这只小可怜丑得无法和同类一起现身，它有自知之明，所以胆怯地躲在一旁，这种胆怯无法克服。

就像所有的聚会（人类可悲的恶意！）都需要一个取笑对象，一个受气包来承受攻击，这只猫扮演的就是这样的角色。这算不上攻击，只是嘲弄，我们还给它取了个绰号，叫“嘲吵”。这只毛色丑陋、身患残疾的猫比同类更需要家，但是孩子们让它感到害怕，那些毛茸茸的同类看不起它，总是斜眼看它。父亲必须走到它身边，把它抱起来。心怀感激的它躺着，安然接受慈爱之手的抚摸，逐渐产生信任。父亲回家时，它会躲在父亲的衣服里取暖，跟着父亲悄无声息地走进家门。

我们很容易发现它，它只要露出一截身子或者耳朵尖儿，就会被笑声和目光吓退。再看见它的时候，它已经缩成一团，趴在保护者胸前，闭着眼睛，慢慢缩小，什么都不想看。

后来房子被卖了，我们种的植物还有属于整个家族的大树都被迫舍弃。我们养的动物们也因为父亲离世郁郁寡欢。

也不知过了多久，那只狗还是会跑到路边坐下，那是它恭送父亲出门、欢迎他回家的地方。最不幸的动物就是小猫“嘲吵”，它不再相信任何人，偷偷去看那张空座椅，后来它也走了，跑进树林，我们再也不能把它唤回来。它又开始过幼年悲惨的野外生活了吗？后来怎么样了？它爱着谁吗？有人爱护它吗？所有会呼吸的动物都需要爱[1]。

这篇感人至深的故事难道不能让人忘记猎人如此自豪的猎枪吗？

接下来的故事，我还是送给荒谬的图斯内尔先生。他想让猫成为猎人的活靶子，忘了这和为了找乐子朝自家城堡顶上的工人射击的夏罗尔伯爵一样残酷，而且毫无意义。

两年前，一艘商船载着大量货物从圣塞尔旺[2]起航，驶向里斯本。一天晚上，浓雾升起，商船与一艘船发生剧烈碰撞，船员只得逃到附近的一艘英国船上。

船长失落地看着弃船消失，突然大喊："见习水手米歇尔在哪儿？"

他大喊的见习水手还在那艘船上。茫茫大海，看不到任何船只。他以为船沉了，孩子死了。

其实，孩子还活着。

危难时刻，小米歇尔在船头操作。任务完成后，他跑向船尾，看着英国船带着其他船员远去。

---

① 米什莱（1788—1874），《鸟》。——原注

② 圣塞尔旺是历史地名，现为法国布列塔尼海滨城市圣马洛的一部分。

（《中国家庭、孩子和猫》，根据安德烈·雅克玛尔收藏的瓷杯上的图案绘制）

见习水手大声呼叫，喊声却被海浪淹没。他独自待在四处进水的船上。

米歇尔抽泣着，水不断上升。

哭过以后，米歇尔振作起来，跑向抽水泵，打开舷灯，按响警铃，整个晚上，他都在和风暴做斗争。

天亮了，孩子看到远方有一艘帆船。他把船旗降到旗杆中部，发出求救信号。帆船向更远的地方驶去，米歇尔只好重新回到抽水泵前。

中午时分，地平线上又出现了一艘船，然而和上次一样，这艘船也没看见他的船就消失了。

这时，船上的两只猫来到小水手身边，蹭他的两条腿。

米歇尔和它们分享自己的面包和火腿。

然后，他又开始工作。抽水泵，发求救信号！

抗争、希望、失望，反复交替，持续了三天。

食物也快吃完了。作为小水手最后的伙伴，猫总是在同一时间出现，讨要它们的口粮。

幸运的是，一艘美国双桅船经过此处，看到米歇尔站在这艘沉船的船首。

孩子被救下了，还要求带上他的两只猫。

三个月后，小水手回到圣塞尔旺港，他气宇轩昂地抱着两只猫，接受夹道欢迎的群众的掌声。

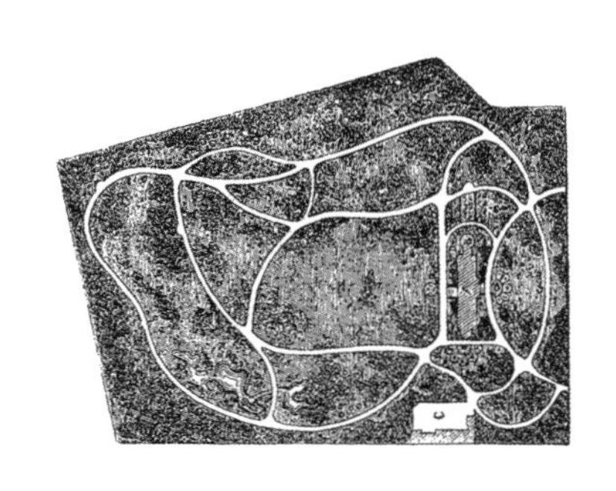

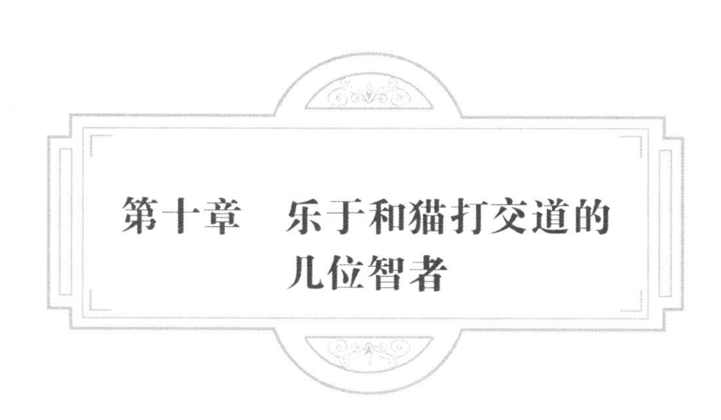

第十章　乐于和猫打交道的几位智者

为猫主持公道的人很多，蒙克利夫肯定可以排进前几名，因为他为猫承受了众人的攻击。

他是皇后的朗读官，他的歌曲和情景剧在宫廷很受欢迎。这位才思敏捷的作家一边进行文学创作，一边自娱自乐。他说："人类理应用智慧换取的果实之一就是舒适生活。"

过去，人们认为蒙克利夫是享乐主义者，也用这种想法看待他。他过着平静安逸的生活，直到他斗胆通过《猫的历史》一书展示才华。这份才能给他带来了苦恼，整个文学界都在嘲讽他。

（蒙克利夫的肖像）

其实，《猫的历史》中不乏精致的俏皮话，读起来十分有趣。作者自己也说这是一本“极度肤浅”的书。讽刺传单、歌谣还有风凉话从四面八方降临到这位研究猫的历史的作家身上，人们戏谑地称他“猫屎官”。伏尔泰和格林[①]对他尤其不公，特别是伏尔泰，写的文章绵里藏针，和友人一起取笑蒙克利夫，还把他打发到“檐沟”上。

当蒙克利夫当选法兰西学院院士时，关于他的流言蜚语如同暴风骤雨，可怜的“猫屎官”甚至把这本

① 弗雷德里希·格林（1723—1807），德国巴伐利亚出生、能用法语写作的作家，也是一名外交官。

书从作品集中删去。只有达朗贝尔[1]以法兰西学院终身秘书的身份为这本书说了几句公道话，后来他还向世人证明蒙克利夫为人殷勤客气，大家忽视了蒙克利夫作品的价值。

蒙克利夫在宫廷里过着好日子，但这并不能让文人墨客愁眉舒展，因为这些文人墨客刚刚开创文学职业化的烦人制度。

当法兰西学院要授予蒙克利夫为皇后的朗读官院士之位时，他的俸禄、财富、杜伊勒利宫的住所、头衔、在上流社会的成功，几乎都成了他的犯罪记录。

一个拒绝了狄德罗的学术机构怎能为研究猫的历史的人敞开大门？这些尖刻的批评不无道理。不过，如果我们去查看当时院士的资料，就会发现：有无数毫无名气的院士入选，他们甚至连《猫的历史》这样的作品都拿不出来。

虽然格林对此书颇有微词，但它确实是作者的代表作。倘若没有搜集到稀奇文物的图片，我不过是在

---

① 让·勒朗·达朗贝尔（1717—1783），法国著名物理学家、数学家和天文学家，一生研究了大量课题，完成了多个科学领域的论文和专著，其中最著名的有八卷巨著《数学手册》、力学专著《动力学》。1746 年，达朗贝尔与当时著名哲学家狄德罗一起编纂了《百科全书》，并负责撰写数学与自然科学条目。1754 年被选为法兰西学院院士；1772 年起任学院的终身秘书。

自欺欺人地再造惊世骇俗之作，将来藏书者可能会人手一册，放在家中书架的一角。

蒙克利夫真的喜欢猫吗？他的多本传记都没有提及。不过可以确定的是，他爱女人，当然这不是我要批评他的理由。他和小克雷比永、瓦兹依教士、科莱[①]是“殷勤世纪”的宠儿，然而皇后的朗读官并不满足于把殷勤献给轻佻作品。

蒙克利夫的母亲是英国人，他的血液里流淌着英式幽默，所以他才会同意在“那些女士和先生的学院”[②]发言并撰稿，还插入了《猫的历史》的内容和凯吕斯伯爵的插画。

后来，宫廷里的财产使“猫屎官”陷入丑闻，这本书倒没有。

我们所处的时代既寒凉又好辩，对以往的轻浮作品梳理一番，我们会发现蒙克利夫的作品中还是有不少研究成果的，数量远超人们对他的预期。虽然有的章节略显轻佻，但细微之处保存着柔丽的色彩，就像藏在抽屉深处的老侯爵夫人的勋章带。

---

① 小克雷比永（1707—1777）、瓦兹依教士（1708—1775，又称瓦兹依伯爵）和科莱（1709—1783）都是法国作家，作品中不乏轻浮下流之作。

② 该学院每周日下午聚会，每位成员都要轮流分享自己一周来的思考，这些发言后来被集结成册出版。

除了蒙克利夫，猫的爱好者中还有波德莱尔。浑身充满电流的诗人在身体健康之时就和猫有接触。我俩散步时，哪一次没在高档洗衣店门口驻足？那里有一只猫懒洋洋地趴在干净的衣物上，陶醉于布料熨烫后的淡雅清香。多少次我们在橱窗前陷入沉思？橱窗后，年轻俊俏的熨衣女工面露喜色，以为自己有不少倾慕者。

（波德莱尔画像）

要是有猫出现在走廊或者马路上，波德莱尔会走过去逗弄它，吸引它，把它抱在怀里抚摸它，甚至还会逆着毛摸。可能有人会因此相信诗人瘫痪晚期流传的恐怖谣言，但我还是得说《恶之花》的作者的温柔很特别，其中有一些不安和极端的成分，因此他只能做两个小时的好伙伴，超过两小时，他就会因为精神压力开始招人厌烦，所有认识他的人都知道这就是他的个性。

波德莱尔创作了几首颂扬猫的诗，这些意味深长的诗透露了诗人灵魂深处的混乱。我和诗人交往甚久，对此并不奇怪，然而这竟然成了人们攻击他举止残忍的凭证。

猫是波德莱尔温柔眷顾的对象，也是小报长期以来嘲讽的主题。新闻业的活跃好斗与诗人的沉静和自我反省完全对立。

"继霍夫曼①、爱伦·坡②和戈蒂耶③之后，在（波德莱尔和同伴们）这个小圈子里，溺爱猫成了潮流。波德莱尔为了公事首次去某个人家登门拜访，一定会局促不安，直到看到这家人养的猫。他看到猫就会跑过去，抚摸它，亲吻它，对猫的热爱让他目中无人，别人和他说话，他都不搭理。别人看着他，对他的礼数不周表示不解，然而他是文人，是奇才，从此这家

---

① 恩斯特·西奥多·阿玛迪斯·霍夫曼（1776—1822），简称E·T·A·霍夫曼，德国浪漫派重要作家，其作品多神秘怪诞，柴可夫斯基的芭蕾舞剧《胡桃夹子》就改编自他的《胡桃夹子与鼠王》。他还擅长作曲和绘画。

② 埃德加·爱伦·坡（1809—1849），美国诗人、小说家和文学评论家。

③ 泰奥菲尔·戈蒂耶（1811—1872），法国唯美主义诗人、散文家和小说家，早年习画，后转而为文，以创作实践自己"为艺术而艺术"的主张。

的女主人对他另眼相看。他的诡计成功了。真是令人称奇！无法理解！”

这篇模仿拉布鲁耶[1]的拙劣文章还指控喜欢猫的人看不起狗，突出静思型物种和好动型物种的对立。狗吠声会刺激前者的各种敏感器官，相反，喜欢控制、表演、显摆的人更喜欢狗的聒噪并诽谤静思动物，因为这些动物悄无声息，时刻保持独立，躲避自以为能控制它的人。

那些完全外向的物种、忙碌不停的人完全不能理解思考、冥想的含义，这两个词只存在于字典中，而他们说个没完，大喊大叫，颐指气使，把人生当作一场狩猎。

（《雨果的猫》，画家克罗伊茨贝格[2]作）

① 尚·德·拉布鲁耶（1645—1696），法国哲学家，以唯一的作品《品格论》著称于世，这部随笔集描写了17世纪法国宫廷人士，批评时弊和品格。

② 夏尔·克罗伊茨贝格（1829—1909），法国画家，擅长人物肖像、风景和风俗画，1863年开始参加巴黎沙龙展。

要理解猫必须拥有女性和诗人的特质。

小时候，我曾有幸进入皇家广场的一间豪华沙龙，墙壁上挂着挂毯，房间内有哥特式的装饰物。一只猫安坐在沙龙中央的红色华盖之上，看上去像是傲娇地等着客人向它致意。这只猫的主人是维克多·雨果。可能因为它的与世无争和慵懒，雨果在游记散文《莱茵河》中给它起了“猫和尚”的名字。

雨果器重的弟子泰奥菲尔·戈蒂耶继承了老师对猫的喜爱，还加入了一些新奇元素。有段时间，他同时照料猫和白鼠，彻底忘了在家中，猫应该拥有绝对的、不可分享的主宰地位。

现在我终于懂了为什么圣伯夫①的猫可以在他的书桌上散步，他的仆人却没有一个敢去收拾那个堆满纸片和笔记的地方。这位研究过林中修道院历史的作家是真正懂猫之人，他家是整个街区出了名的爱猫之家。

我和爱猫的梅里美先生谈论过猫，那一个小时真是让我内心充盈。梅里美先生认为，认可猫的智慧并

① 圣伯夫（1804—1869），法国文学评论家，其著作《林中修道院》回顾了这座修道院的整个历史。

不会降低人的自身价值。

梅里美先生只是觉得这样会造成过度敏感。他认为，猫的极度礼貌证明了它的敏感，他对我说："从这一点看，猫像是教养极好的人。"

维奥莱－勒迪克[1]家门厅最显著的位置挂着一幅群猫镶嵌画。为了给这本书绘制插图，为了给家中的爱猫画肖像，他曾暂时放下正在处理的重要工程和项目。

还有很多名人可以进入这份爱猫人士的名单，但是我必须停下来。除了名人，一些普通人对猫的热爱也值得记录，下面就是一位任性独立的朋友给我的来信：

十五个月前，我打算结婚，换一种生活。离开我的情人和一手养大的猫多么痛苦，就像被锁链束缚！

这只猫突然消失了，再也没回来。我对自己说，感情的一半已经破坏。我更坚强了，足以承受和一个女人分手，而且我还可以供养她以后的生活。

我的婚姻以失败告终。我找回了我的旧情人，又养了一只猫。

---

① 维奥莱－勒迪克（1814—1879），法国建筑师。

一年后，朋友们逼我再娶一位年轻姑娘。

我已经近距离观察过婚姻，感到无比恐慌，想后退。我把困扰算在情人和猫的头上，因为我又要和他们分离了。

那只猫被掠走，再也没有出现过。这是上帝对斩断缘分的我的警告。

我从来没有像现在这般犹豫。我能给这位年轻姑娘带来幸福吗？

这场婚姻使我充满恐惧。

我推测我会养第三只猫。

第十一章　画猫的画家

猫神形庄严，蓬松的毛里藏着伟岸的线条。在收藏埃及文物的博物馆里，猫很常见，它们有时像斯芬克斯一样蹲坐，有时作为面具套在某位神的面部，有时成为圣事乐器的一部分，有时缠绕丝带，化身浪涛状的奇特边纹。

猫在埃及艺术品中的形象时而神圣，时而世俗。我要强调一下这种双重性，因为精明的埃及学家打磨出的钥匙还不能打开法老王国所有密室的大门。

饱学之士的著作为分析古埃及宗教艺术品中的猫提供了丰富素材，然而在我看来，他们没有充分研究世俗作品中的猫，在这些作品中，猫时而躺在家中女主人的椅子下打盹，时而给猫崽喂奶。

青铜制品更多展现了猫的家畜属性，而不是神兽属性，虽然缺少项圈和宝石的装饰，猫的线条也没有变得特别僵硬。在我看来，线条刻板与否是判断作品中的猫是否属于宗教形象的标准。

埃及人创作猫的艺术品时，无论是神圣的猫还是世俗的猫，都兼顾了优雅和技巧。只有他们洞悉猫的线条美，在不脱离实际的前提下展现它们的矫健身姿。

除了埃及人，还不得不提日本人。近期传入欧洲的日本画册证明日本人不仅擅长描绘女性和幻景，还是画猫的大师。

我认为，喜欢猫的敏感细腻的艺术家也喜欢女性的敏感细腻，具备这种双重领悟力的艺术家有时会爱上怪异奇特的东西。要还原女人、奇幻和猫的细微之处，艺术家下笔时怎能缺少灵性？如何才能突显这三个主题之间的神秘联系？

我不想讲一堂分析霍夫曼和戈雅的奇幻作品的美学课，但请允许我说明一点，德国童话家和西班牙画家还有小说《恋爱中的魔鬼》的作者卡佐特[1]都钟情于完美女性。为了衬托迷人的女性角色，他们在充满幻想的作品中自动将优雅慵懒的女性和奇特的动物交织在一起。他们对融合了美和虚幻的事物具有极佳的感知力，拥有这种才能的人，纵然精神状态不稳定，也是真正的、值得关注的艺术家。

这些特殊才能，日本人掌握得最好。他们用浪漫高雅的氛围烘托女性形象。他们的作品风情万千，而且他们特别喜欢猫，细心观察猫的动作，然后用比敏德更精巧的笔触将其还原。

戈特弗里德·敏德被誉为“画猫的拉斐尔”，1815年在伯尔尼辞世前创作了一大批以猫为主题的水彩精品作。大量的画稿说明画家长期观察猫的动作，不过这些颇有瑞士风的作品缺少日本画家笔下的猫的神韵，虽然大君[2]统治的国度有给猫断尾的特殊习俗，让猫的形象受了损。

---

① 雅克·卡佐特（1719—1792），法国作家，代表作《恋爱中的魔鬼》是一部奇幻文学作品。

② 日本国大君，简称大君，是日本江户时代幕府将军在外交文书（国书）上使用的一个称号。

Chatte allaitant ses petits, d'après un bronze du musée égyptien.

（母猫喂奶，根据埃及博物馆的青铜雕像绘制）

我看过伯班克画的猫，他的水彩画十分精美，他有类似于敏德的专长。辞典里没有关于这位艺术家的信息，他可能是英国人，他一定花了大把时间观察猫。

不论是在漫画还是在成语故事中，猫都扮演了重要角色，但在雕塑家眼中，它的形体似乎粗鄙不堪，完全无法引起他们的关注。

在数量少得可怜的雕塑中，我还是发现了几件不错的作品，并复制了两件来自日本的作品，一件有点奇怪，另一件十分有趣。

那是一尊由猫组成的头像雕塑，眼部用猫铃铛代替。这是日本民族独有的幻想作品，目前我们还解释不清这些奇思妙想。

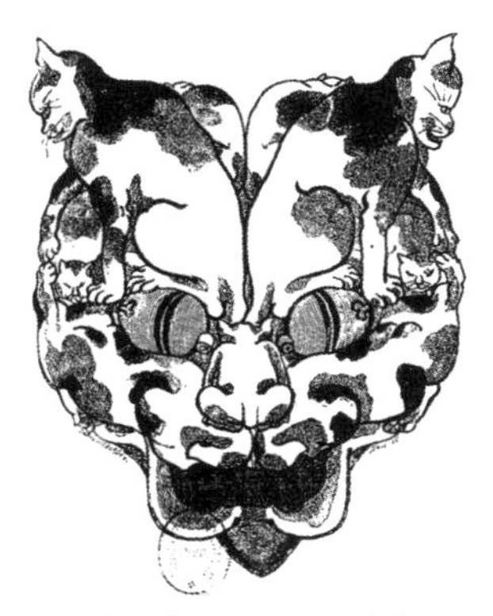

（《群猫》，日本奇幻作品，詹姆斯·蒂索之藏品翻印品）

要是我们把猫脸人像和格朗德维尔的作品进行比较，要是用色系丰富、色泽质朴的日本颜料给这些画上色，我们就能看到画中的女性正在梳洗打扮。这一幕完全可以用文字来解释，一如日语老师或者自称日语老师的人讲解传奇故事，荷兰人很早就读过这些故事。

虽然法国和中国交往了数百年，大量来自中国的物品使我们见识了天朝的绘画艺术，然而传入法国与猫相关的作品却十分罕见。幸得雅克马尔先生相助，他给我看了一只16世纪前后日本生产的茶杯，杯身的图案反映了中国人的生活场景，否则我根本无法在这本书里展示此类作品。不过，我还是没能展现传教士殷弘绪[1]描述的猫塑像，他见过一只精巧无比的瓷猫，人们把烛火放入它的头部，烛光就会穿透眼珠的缝隙。人们向他保证，老鼠在夜间看到这只猫会被吓得魂飞胆丧，这是艺术的胜利。

除了以画猫闻名于世的荷兰画家科尔内尔·维舍[2]，其他将猫画入生活场景的画家似乎总是在玩具店或者博物学家的工作室[3]取景，他们或是让猫出现在全家福中，或是画一个抱着猫的孩童。

欧仁·德拉克洛瓦是当代艺术家中最爱画猫的，他热情激昂又有点神经过敏。他死后拍卖的手稿显示他不懈地研究过猫，然而猫却从未在他的画作中出现。

因为他把猫变成了虎。

猫的斑纹、步态和修长身躯使德拉克洛瓦的画中常出现的老虎栩栩如生。让人颇为不满的是这位浪漫主义大师没有留下任何关于猫的作品，他比其他画家更了解猫，他在猫的面具下找到了发挥想象力的空间。

---

① 法国传教士昂特雷科莱（1664—1741），汉名殷弘绪，于清康熙三十八年（1699年）来景德镇传教，他向法国教会寄去的书信于1712年结集出版，题为《中国陶瓷见闻录》。

② 维舍画的猫流传至今的只有两幅，我在这本书里提供了复制品。——原注

③ 卢浮宫收藏了一幅奥托·范·维恩的人物画，画中的人物是画家和他的家人，画的近景中有一只吃多了麦皮的猫。——原注

杰出的漫画家格朗德维尔对猫的形态很有研究，提到画猫的艺术家，我们更不应该忘记他。我们甚至可以说他独自挑战了猫的复杂外表，他用诸多细节表现猫的千姿百态。

这位专注于人和动物外貌特征的漫画家给猫画了十多张素描[①]，展示猫的不同神态：《沉睡》《醒来》《哲学思考》《惊讶与羡慕》《凝视》《大大的满足和想笑》《烦恼与坏情绪》《抱怨和折磨》《噪声引发的忧虑》《虚伪的贪婪》《天真的贪婪》《消化食物时的安详》《温情和甜蜜》《专注、欲望与惊喜》《满足和昏昏欲睡》《愤怒夹杂着担心》《忧虑》《欢天喜地》《恐惧》《死亡》。埃及人、日本人甚至“画猫的拉斐尔”都不曾展现如此细微的差别，他们更关注猫的动作，而不是头部线条。遗憾的是格朗德维尔的构思胜过呈现。有时他的想法特别好，但是技法不够纯熟，而这类主题画特别考验画家的功力。

不管怎么说，这些素描是一种指示牌、一份纪念、一份对表情游戏的回忆，因此这份图集还是应该获得好评。

---

① 发表于1840年的《绘画杂志》(1833年到1938年在法国发行的一本艺术刊物)。——原注

演员鲁维埃也是爱猫之人。他曾苦苦思索如何用画笔展现自己的情感，后来认识了意大利丑角演员卡林，卡林养了一群猫，自称是猫的学生。

我收藏了一幅鲁维埃的画，这幅画能让人更好地理解这位演员的动作。在《哈姆雷特》的演出中，他时而暴虐时而轻柔时而奇特的动作给人留下深刻印象。

鲁维埃画过一只宽宏大度的母猫，他的孩子当时正想对它的猫崽使坏，棕色小猫灵动的双眼中混杂着担忧与好奇，母猫看着自己的孩子，想起自己以前也遇见过这般任性的顽童。

没有什么比画猫脸更难，正如蒙克利夫所言，猫的性格“既敏感又安详”，它的线条如此精巧，眼睛如此奇特，动作如此敏捷，画家必须变成猫才能将它们描绘出来。

因此，人们说演员鲁维埃禀赋异常，辞世之后仍可以教人表演，因为这些本领是跟活生生的动物学的，我们甚至可以说，观察猫比戏剧学院的课程更有价值。

第二部分

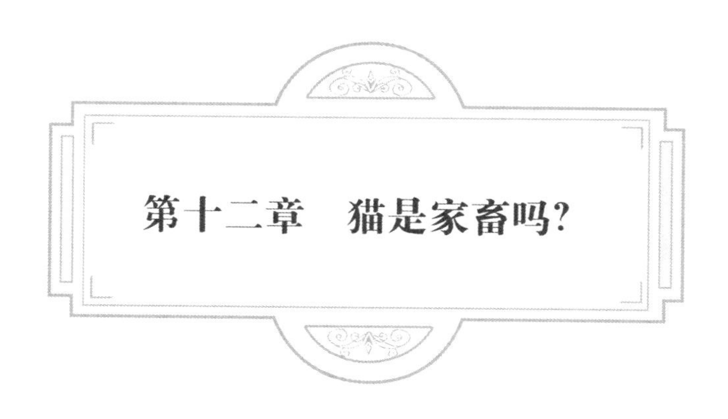

第十二章　猫是家畜吗？

弗卢朗[①]说："所有家畜从本性上说都是群居动物，牛、猪、狗、兔都如此。乍一看，猫似乎是个例外，因为猫是独行侠。然而，猫真的是家畜吗？它住在我们家中，但它跟我们合作吗？我们给它各种好处，可它有没有报之以服从、温顺以及真正的家畜提供给我们的服务呢？有的动物，如果没有群居的本性，即使对它付出时间悉心照料，也不能将它改变，猫就是一个很好的例子。"

① 皮埃尔·弗卢朗（1794—1867），法国神经生理学家。

弗卢朗还引用布丰的话来支持自己的观点，布丰说："虽然猫住在我们家中，却不是纯粹的家畜，驯化得最好的猫也不比其他猫更服从命令。"

对此，博物学家费反驳说："有人说猫不是家畜，却没有解释清楚什么是家畜的驯化。对我们来说，驯化是要改变动物的习性，给它温柔的爱抚，让它遵从我们的指令，使它定居在家中或者至少生活在我们周围。羊和马是我们的奴隶，猫不是，这就是最大的不同。"

费说的是不是很有道理？

食肉动物中最难驯服的是豹子，为杀戮而杀戮的是美洲狮，天性中尚存一丝温柔的是猎豹，真正聪明的是猫。猫同意做我们的旅客，接受我们的庇护和食物，甚至向我们索要爱抚，但它索取时很矫情，而且只在愿意的时候接受爱抚。猫不愿因此失去自由。如果我们剥削它，它就反过来剥削我们，而且它既不愿像马成为我们的仆人，也不愿像狗成为我们的朋友。

上述段落均出自《动物的本能》这本有趣的书，为了反驳那些轻视猫的人，我还要从中引用几段：

猫对感情很敏感，甚至可以说是高度敏感，但是必须让它按照自己的节奏行事，让它期待人的抚摸。当它觉得人不会抓住它不放时，它才会主动靠近人的手，不抗拒抚摸。它很难独处，它会像狗一样跟着主人在房间里走来走去，同时温柔地喵喵叫。孤独让它不安，它需要陪伴。每当主人离家几日，猫就消失几日，然后在主人回家时突然现身，还表现得欢欣雀跃。

乡村地区的猫知道主人从城里回家的时间，它会在离家数百米的路口等他，不过，猫表现出如此的依恋，一定是得到了极致的善待。爱着某个人的猫极不平凡。要得到它的垂青，人必须付出很多，失去它则容易得多，只需几件小事，这也是它和狗的区别。人们骂它是叛徒，因为它会挠人。猫掌上有可伸缩的利爪，猫使用利爪时并非出于真正的恶意。猫极易因电流而情绪激动，这一影响会部分地导致它情绪不稳。然而，公允地说，猫从来不是攻击者。

最后这个观察特别准确。猫不是攻击者，而且从来不会无缘无故地挠人。到了理智年龄（三到四个月）的猫，只会因为被人逗弄、刺激才出爪。

它的爪子如此美丽，于是我让人临摹了一张解剖图，这样我们可以直观地看到它的防御系统。玫瑰也有这种防御系统，人们却从未有过半句批评。

（猫爪解剖图）

要是不把猫爪长时间握在手中，人就不知道猫在想什么。

抚摸猫掌真是件乐事。那块趾垫就像一个小匣子，里面收藏着利爪。

除了耳朵，猫还喜欢人抚摸它的脚掌，如果这时对它温柔地说几句话，猫就会试着理解人的语言。

猫的神经系统极度灵敏，太长时间的抚摸会让它烦躁不安，甚至去咬去挠刺激它的手。这时，一句话就能使它恢复温柔，它还会表现出愧疚，因为它一时疏忽，错怪了爱护它的人。如果有一只手一直在它眼前晃来晃去，它也会去挠，因为它想抓住这个动着的东西，身手敏捷是猫的天赋。它也会抓挠让它长时间不得自由的孩童，因为孩童拽它的耳朵和胡须，甚至用手臂紧紧夹着它的脖子，使它几乎窒息。孩子可能不知道自己给猫带来的恐慌，不过猫很清楚自己失去了自由，产生了窒息感，也能清楚地感到耳朵、胡须被拉扯时的疼痛，于是它用自己的武器进行正当反击。

我从未见过一只猫毫无理由地挠人。和费先生一样，我认为，猫并不好斗，不会主动攻击，也不易怒。它不会攻击同类，也不会像狗那样冷酷地攻击弱者。

费先生还说："每个人都能对猫做出积极的评价。几只猫在一个盆里进食时，它们相安无事。要是几条狗挤在一起进食，它们一定会打个不停。'自私伪善的'动物给同类留口粮，'温柔和气的'动物倒去抢邻居的骨头……"

弗卢朗先生郑重地说："猫既不是群居动物，也不是温顺的动物。"

我却见过一些猫融洽地和鹦鹉、猴子甚至老鼠生活在一起，甚至有人没花多大力气就让猫和狗住在一个窝里。

教士维尼厄尔－马尔维尔在《杂集》中提到巴黎的一位妇人，她凭借技巧和教育的力量，让一条狗、一只猫、一只麻雀和一只老鼠像兄弟姐妹一样共同生活。四只动物在一个盆里吃饭，在一张床上睡觉。

实际情况是，狗第一个进食，而且吃很多，不过它不会忘了猫，猫也会自觉地给老鼠留一些它爱吃的荤杂烩，再给麻雀留一些谁都不会碰的面包屑。

维尼厄尔－马尔维尔接着说：“吃饱了就动起来，狗舔猫，猫舔狗，老鼠在猫爪子下嬉戏，猫已经学会和老鼠玩耍打闹，它收起利爪，只用软软的趾垫和老鼠玩。至于麻雀，它忽高忽低地飞，啄一下这个，啄一下那个，从来不会损伤半根羽毛。如此，不同的物种实现了大团结，人们却从未听说它们发生争吵或者打斗，而人类却几乎无法与同类和平相处。”

杜邦·德·内穆尔观察到食物丰富的猫可以和谐共生，他写过这样一则轶事：

植物园里住着一只年迈的大猫，它可能没了主人。窘迫之际，它只好干起了抢劫的勾当，但依然吃不饱。它骨瘦如柴，样貌丑陋，干瘪的趾垫都遮不住尖爪，涣散的目光透着惊慌。它时常埋伏在德·枫丹先生家的厨房附近。只要里面的人稍不留神，它就凭着视死如归的勇气溜进厨房，叼住第一块可吃之物，迅速跑开。人们拿着笤帚追赶它，大喊：“猫！老猫！坏猫！”

（敏德的画，弗雷德里克·维约[①]的藏品）

后来，人们不再给它可乘之机。只要远远看见它，就朝它跑去，它只得逃走。防守如此严密，它又如此害怕，于是它什么也吃不到，几乎快要饿死。

一天，德·枫丹先生一个人在家，在窗前看到这只可怜的猫虚弱地趴在邻居的墙头，随时可能因为体力不支跌下来。谁不知道德·枫丹先生心地善良？他可怜这只猫，让人找来三块肉，一块一块地扔给它。

猫咬住第一块肉，注意到这次没有人追赶它，于是靠近一些，吃掉第二块肉，然后赶紧跑开。第三

① 维约（1809—1875），法国雕塑家，画家德拉克洛瓦的挚友，1848年到1861年担任卢浮宫绘画部主管。

次，它靠得更近，吃到肉以后，没有马上离开，而是停在那里看了看恩人。

半小时后，它从窗户跳进德·枫丹先生的房间，在他的床上安然睡下。它心想："这是个有情有义的人。"以往的进攻突袭中，它发现这个人是其他人的主人，于是在灵魂深处感激地说："我的霉运到头了，有人保护我了。"

第十三章　好奇心和洞察力

窗户刚刚打开。窗户插销转动的声响总会吵醒躺在扶手椅上的猫，猫离开椅子，跳到阳台上，蹲在那里呼吸新鲜空气。

等它嗅够了或者吸饱了新鲜空气，只要街上稍有响动，它就把脑袋探出阳台，因为它关注那些生动的事物。

对面的窗户开了，女佣把地毯举到窗外抖落灰尘；旁边邻居家，女人在浇花，男人在抽烟；楼下有辆车发生了故障；一条狗穿过街道；邮差提醒人们收信；卖菜人叫卖吆喝；男孩吹口哨。对猫来说，惊奇

之极的事物真多。

猫细细品味这些细节。它懒洋洋地缩成一团，半闭着眼睛，胡须下面藏着充满哲学意味的微笑，它在思考这些刚刚填入大脑的各种信息，试着理解那些给它留下深刻印象的动作和事物——分发信件，鲜花，香烟的烟圈，男孩和蔬菜。

伏尔泰认为这是动物与生俱来的好奇心。

他在《哲学词典》中写道："对人、猴子和小狗来说，好奇心是天生的。把一只小狗带上你的马车，它一定会把爪子搭到车门上，看外面发生的情况。猴子也会到处乱翻，像是要把所有东西查个遍。"

如果没有好奇心驱使，人们打开窗户时，为何懒洋洋躺在椅子上的猫会起身去查探？

然而霍尔巴赫男爵[1]圈子（我们并非指责男爵的朋友们滥用唯灵论）中最有才华的怀疑论者对伏尔泰的观点提出了质疑。

加里亚尼[2]说："伏尔泰本可以对好奇心进行一次有趣的思考，因为它是属于人类的独特感觉，只有人类才有，任何动物都不配拥有。动物甚至连这种想法都没有。"

他还说："我们能让动物感到害怕，但永远不能使它们产生好奇心。"

这位哲学家不认为动物有好奇心，他得出了这么一个结论：

"猫和人一样，都会找虱子，但只有雷奥米尔[3]去观察跳蚤的心跳。这份好奇心只有人类才有，正如狗不会去沙滩广场看狗被吊起来执行绞刑。"

加里亚尼把伏尔泰所说的"好奇心"称为"洞

---

① 霍尔巴赫（1723—1789），法国启蒙思想家，哲学家。他出生于德国巴伐利亚，1735年移居法国，1753年继承伯父遗产和男爵封号，成为霍尔巴赫男爵。他与狄德罗等人共同编纂了《百科全书》，是"百科全书派"主要成员之一。

② 加里亚尼（1728—1787），意大利经济学家，家族系那不勒斯王国的名门望族，原本家人希望把他培养成宗教神职人员，故也被称为"加利亚尼神甫"，1759年开始在巴黎担任外交官，之后结识百科全书派代表人物狄德罗，并成为好友。

③ 雷奥米尔（1683—1757），法国科学家，在诸多领域均有建树，特别是昆虫学，另外列式温标是用他的名字命名的。

察力”。

一个形而上学者可以就好奇心和洞察力写出鸿篇巨制。我建议用一句话来做个了断：

猫既有好奇心也有洞察力。

说到洞察力，我想没有人会否认。下面就是个例子。

午饭后，我有个习惯，我会把一小块面包远远地扔到隔壁房间，这块在地上滚动的面包块儿会逗得我家的猫去追。这个小把戏持续了数月，猫把这块面包当成最美味的餐后点心。就算午餐吃的是肉食，它依然期待面包时间，还会等到它认为最有趣的时刻才去追那块面包。

一天，我用手反复抛接面包，猫眼巴巴地看着。我把它扔了出去，但并没有扔到隔壁房间，而是让它越过墙上挂的一幅画，这幅画和墙面有一个倾角。猫极其惊讶，它看到了我的每一个动作，也看清了面包块儿的抛物线，然而这块面包突然消失了。

猫不安的眼神说明它知道物体在空间移动时不会消失。

猫想了一会儿。

经过充分的考虑，它走到隔壁房间，驱使它的是这样一种逻辑：要想让这块面包消失，它必须穿过墙壁。

猫失望而归，面包没有穿墙而过。

它的逻辑推理有漏洞。

我用动作再次唤起它的注意力。第二块面包被扔向同一个地方，和第一块面包一样落在画的后方。

这一次猫跳上长沙发，径直向面包掉落的地方走去。它检查了画框的左边和右边，然后灵巧地用爪子把画的底部和墙面分开，吃到了两块面包。

这难道不是观察和推理结合而成的洞察力吗？

第十四章　传承对猫的品质研究

一位忠实友人[①]仔细研究过猫的品质，他给我寄来一些细致的观察记录。

“我认为，猫也想施展聪明才智。就像玩打仗、职业扮演、警察抓小偷游戏的孩童，他们想专注投入严肃真实的事，但他们没有力气，智力也不够发达。花园里有只小猫，为了追逐鸽子爬上了树，虽然它肯定抓不到鸽子，但本能驱使它去玩这个狩猎游戏。

“它在路边守候花园里的劈柴人，它想和他一起

① 从本章结尾的原注可以看出这位友人就是序言中提到的特鲁巴。

玩。它的目光跟随着他，眼睛忽闪忽闪，十分灵活。这表明猫的智力不够发达，对它来说，这就像是孩童们玩的游戏。

“勒鲁瓦[1]提出用两千年的时间来发展动物的智力，让它们变得乐于劳动，成为人类的仆役。这个要求似乎有点过头。

“人类把动物豢养在温室里，给予照料，也许几代之后，这些聪明的工具就能成为人类的小帮手。但人类应该更多地关注那些爱幻想、一时无法显现功效的动物。

“善于观察的博物学家应该在家族中传承对猫的照料，父传子，子传孙。这样才能解决一些大问题。

“这世上有一本数学著作，版本独一无二。它的作者将书传给了一位先生，这位先生又传给了另一个人（总是传给最合适的人），然后再传下去。我想比奥[2]先生一定把这本书传给了我们这个时代最杰出的数学家。

“在书的护页，有三四段精彩的手写的题词，最

① 夏尔·乔治·勒鲁瓦（1723—1789），法国皇家狩猎队中尉，狄德罗和达朗贝尔的好友，他用“纽伦堡医生”的笔名，以信件的形式记录并分析了动物行为和灵敏度，这些信件后来被收入到《百科全书》中。

② 比奥（1774—1862），法国物理学家、大地测量学家、数学家。

后一段要等到现任遗嘱人离世时才会填上，‘由某某某传给某某某’。

“我们应该这样传承对动物家族的研究，从一位博物学家传给另一位①。”

（根据威尼斯印刷家族塞萨的标志绘制）

① 对人类最熟悉的猫科动物的研究不够充分，博物学家达尔文对此深感遗憾。这份对猫的研究应该归功于友人特鲁巴，他的名字出现在了书的首页。特鲁巴十分谦虚，由于工作繁忙、业务精细，现在还未能向公众呈现他的观察和研究。最近几年，他一直在圣伯夫先生身边工作，圣伯夫先生在《新的周一》杂志中写道：“他热情似火，待人友善，学业扎实，兴趣广泛，对艺术、新奇事物和真实世界都充满兴致。他似乎只想把才学献给友人，帮助他们。可以说他已经变成了这些人，和他们融为一体。”对于这段精确的评价，除了提供上述几段观察笔记作为证明，还能做什么补充？——原注

第十五章　凌晨五点

我的猫总是五点醒来。它睡在床脚，在献给勇士的纪念性雕像上，占据这个位置的是狗。猫是最精确的闹钟。

它伸伸腿，用打哈欠的方式活动颌骨，睁大双眼。它一站起来就达到惊人的高度，因为它的脊椎柔韧性极好。刚才它的背还是圆乎乎的，没有确定的形状，慢慢变成一座隆起的小山。它不再是猫的样子，更像是一只小骆驼。

猫跳下床，然后跳到椅子上，接着在房间各处转悠，它的各种举动让我彻底醒来。夏天，我会打开窗户，然后回床上躺半个小时，享受晨间的清新空气，似是而非地冥想片刻，抱怨即将开始的文字工作。

凌晨五点的天空呈现出壮美的景象，最伟大的画家也无力再现。深浅不一的红色和绿色交替出现，相互交融，又渐渐褪去，难怪有人会崇拜太阳。这种变幻莫测的景象，人类绝不会看到厌倦，看过之后，一整天都会内心恬淡。

日出全景图也在猫的眼前展开，不过我猜它可能同时被某些更具象的事物吸引。窗户是敞开的，它跳到窗台上，细嗅空气，好奇地望着窗外。

（按照现代小说家的套路，此处不该有一章描绘房屋内景，各个房间的细节、围绕房屋的庭院、庭院里种的树、树下站着的人、人的衣着、衣料的成色还有里衬的质量吗？）

鸟儿也醒了，在窝里发出细微的叫声。叽叽喳喳的声音唤起猫的注意力，使它的耳朵变得不安分，先是向两侧分开，然后突然垂下，又指向前方，就像受惊的马的耳朵一样。猫的耳朵可以弯曲成各种角度，任何声音都逃不过它的双耳，无论是雌鸟绕巢飞的声音，还是雏鸟嗷嗷待哺的声音。

忽然，猫迎风伸长脖子，脖子的柔软部分和长胡须都在颤动。原来一只鸟经过窗前，猫在等它。猫弓着身子，瞪着绿眼睛，鸟儿拍打着翅膀赶紧逃走，猫恢复表面慵懒的样子。它懒懒趴着，佯装睡觉，伪装对它来说不过是放下眼皮这幅遮光帘，挡住绿宝石般的眼睛。

这就是暗中观察的动物用的方法。猫天真地以为鸟儿会从窗户那儿飞进来，飞到它伸爪即得的范围，可能还是烤熟了的，掉进它嘴里。它这样反复想了十遍，睡过去又醒过来，最后才弄明白在窗户边等着是徒劳无功的。

刚刚响过六点的铃声。猫离开自己的岗哨，在房间里走来走去，从厨房走到餐厅，从餐厅走到书房，偶尔发出抱怨的叫声。它更愿意去走廊上溜达，那里的门对着楼梯。它想出去，自由地呼吸，这是它现在关心的事儿。

我对它充满怜爱，穿上睡袍，完全不用招呼它跟我走。它一溜烟跑向楼梯，跃下台阶，用脑袋蹭门，以为只要用力蹭，门就会开。

第十六章　猫的童年

小猫是家里的“开心果”，这个无与伦比的演员整天都能表演喜剧。

我认识一位业务繁忙的商人，他的办公桌上总有一只四处闲逛的小猫。即使在处理最要紧的工作，他也会偶尔暂停，欣赏一下这只活蹦乱跳的猫。他不只一次缺席重要会见，可能他也没想到看猫玩耍的时候，一个小时过得这么快。对他来说，看猫不算浪费时间。

执着地想找到永远动个不停的动物的人只需观察小猫。

它的舞台是现成的，它所处的房间就是舞台。它也不需要太多道具，一张纸、一团线、一片羽毛或者一段细绳都能帮助它完成滑稽表演。

非常了解猫的蒙克利夫说："所有能动起来的东西都能变成猫的把戏。它们觉得大自然就是给它们提供娱乐的，想不出别的动起来的理由。人类做出调皮捣蛋的动作，逗弄它们，也许在它们眼中，我们就像哑剧演员，一举一动都滑稽可笑。"

"即使在休息，它也特别搞笑。闭眼趴着的小猫满脑子恶念，一副伪君子的做派。它睡意深重，脑袋耷拉，眼神迟钝，四肢舒展，嘴里似乎嘟囔着：'别叫醒我，此刻我如此幸福！'打盹的小猫简直是幅极乐图。小猫的耳朵非常令人赞叹。小脑袋上这对大耳朵十分搞笑。再细微的声响也会传到它的耳朵里，房间里的所有声音它都听得见。"

现在我脚边就有一只小猫，它的双眼几乎和耳朵一样大。眼睛里充满了对周遭的观察，任何细节都逃不过它的眼睛。谁在按门铃？谁在敲？谁在动？送来的食物是什么？好奇是小猫身上最显著的特性。

已故的居斯塔夫·普朗什[1]某日在著名杂志的编辑室修改稿件，完成艰巨的工作后，他满意地长舒一口气，想戴上帽子去外面呼吸新鲜空气。

帽子不翼而飞，楼里一片不安。谁拿了大名鼎鼎的评论家的帽子？没有任何人进过编辑室，没有人会对如此普通的帽子动歹念。

大家找了一会儿，想起住在这栋楼里的孩子，他们在花园里玩耍，还在编辑室附近转悠。

普朗什沉着脸在花园里四处寻找。孩童什么事儿都干得出来，他们会不会把帽子扔到井里？人们找不到罪证，嫌犯也跑了。

不过，仔细寻找后，人们发现地面有被翻动的痕迹。挖了很长时间，帽子出现了，它被埋进土里，里面装满了小石子和碎石。普朗什轻轻踢了一脚毡帽回去了，边走边想孩童的鬼把戏和他们掩埋帽子时的兴奋。

猫和孩子十分相似。看到帽子，它们也会感到新鲜。它们围着帽子打转，上前闻一闻，看上去很不安，然后兴高采烈地钻进去。当它一脸惊讶地钻出来，它看上去就像讲台上的布道者。

---

① 居斯塔夫·普朗什（1808—1857），法国文学艺术评论家。

Concert de chats.
D'après le tableau de P. Breughel.

（《猫的音乐会》，根据勃鲁盖尔[1]的油画绘制）

一些怪人讨厌占有他们的帽子的猫，甚至一脸阴沉驱赶这些可爱的小动物，殊不知他们剥夺了猫与生俱来的观察力。

除了好奇，幼猫也很贪吃。

任何一个感官得到满足感后，所有器官都会感到快乐。为了让人们理解这一点，生理学家格拉提奥莱[2]以幼猫为例进行说明。他的描述十分精彩：

只见小猫慢慢靠近，开始闻这份甜甜的液体。它的耳朵竖了起来，眼睛睁得溜圆，这都是欲望的表现。它的舌头蠢蠢欲动，舔着嘴部，像是提前品味向

① 勃鲁盖尔（1525—1569），荷兰画家，以风景画著称。
② 格拉提奥莱（1815—1865），法国解剖学家。

往之物。它小心翼翼往前走，脖子伸得老长，迫不及待地要占有这份香甜的液体，它伸舌头去舔，细细品味，此刻已拥有这份渴求之物。被此物唤醒的快感占据了全身各处。小猫闭上眼睛，沉浸在快乐中。它蜷缩身体，拱起背，全身微微颤动。它用四肢裹住身体，仿佛要尽可能多地控制住身体，浸泡在挚爱的享乐泉水中。它的脑袋微微缩入两肩之间，像是要忘掉全世界，忘掉它不在乎的一切。它细嗅气味，细品味道，一本正经，全神贯注。

小猫是有用的。我建议养猫的朋友把两个月内的小猫崽留在母猫身边，这不仅是为了母猫退奶。

猫爸爸和猫妈妈到了年老智昏、需要清静的年纪，仔细观察这种状态是有益的。

刚出生的小猫充满活力，可以把它们从迟钝状态中拉出来。它不会让它们睡懒觉、做白日梦。早晨，小猫会跳到猫爸爸和猫妈妈身上，不停地舔，直到它们的神经系统彻底清醒过来。猫爸爸徒劳地抖动尾巴，表示气愤，小猫会扑向这条尾巴，咬起来，完全不怕猫爸爸给它几脚。它一定要把父母逼得跳起来和它嬉戏打闹。就这样，它让四肢趋于迟钝的父母恢复了柔韧性。

第十七章　猫的家庭观念

杜邦·德·内穆尔写道："我养过两只母猫。它们是一对母女。两只都快要分娩了。

"老母猫前一天产仔，我们没有带走任何一只刚出生的小猫，全部让它自己照顾。

"小母猫第一次生产，分娩过程极其痛苦。生最后一只猫时，它失去意识，动不了了，可是小猫的脐带还没断掉。

"老母猫绕着小母猫转圈，想努力把它拱起来，把所有温柔安抚的话都对它说了一遍，想必在它们家，母女间有很多这样的话。

“老母猫看到这些安抚没有对女儿起作用，便以祖母的身份照顾那些刚出生的小猫，它们正像可怜的孤儿一样在地板上乱爬。老母猫还把最后一只小猫的脐带咬断，把它舔干净，然后把所有的猫舔了个遍，再把它们一只一只叼到自己窝里，和自己的幼猫一起喂养。

“过了一个多小时，小母猫恢复了意识，开始找孩子，它在母亲身边找到了自己的孩子们，它们正在吃母亲的奶。

“母女俩甚是欣喜，友爱和感激的话说个不停，动人至深。两只猫妈妈在一个窝里安顿下来，在完成小猫的所有教育前，它们都没有分开，一视同仁地喂养、照料、引导七只小猫，其中三只是小母猫生的，另外四只是老母猫生的。”

杜邦·德·内穆尔最后感慨道：“我不知道哪种动物能做得更好。”

可以肯定的是，猫是母性极强的动物，我们可以从众多作者的书中摘出相关的轶事。我极度怀疑这种与动物有关的感人故事，不过杜邦·德·内穆尔认识的一位观察家和一位勒华先生（遗憾的是，他的工作和才能和猫没太大关系）还是可信的，他们属于极少数不美化自然现象的作家。

《论动物的疯病》的作者皮埃坎·德·让布卢[1]也提到猫的母爱，他的案例非常可信：

“莫罗·德·圣－梅里先生养过一只母猫，这只猫经常产崽，不过每次都当不成母亲，因为主人家不让它照顾小猫。为了照顾它的情绪，让它回奶，主人家每天带走一只猫崽。母猫连续五天承受这样的痛苦，第六天，赶在人类造访它的睡篮前，它带着最后一只猫崽去主人的书房，把小猫放到主人腿上。小猫得救了，于是猫妈妈每天都把它带到书房。直到主人抚摸了小猫，下了一道照顾小猫的新指令，猫妈妈才得以安生。”

要再现如何教育刚出生的小猫，必须要用极精巧的画笔。

去哪儿能找到一位画家画猫的一家三口，公猫躺着，母猫把它当成沙发靠着，小猫依偎在母猫身边？[2]

它们之间传递着多么甜蜜的爱意！

---

① 皮埃坎·德·让布卢（1798—1863），医生，作家，作品题材广泛。

② 我在笔记本中找到一段潦草的记录，文字不如素描有趣，不过我还是如实引用一下：“1865年6月10日，中午12点半，我从来未见过比猫更美的身型，一只公猫，一只母猫还有它们的孩子躺在那里。我足足看了一个小时。它们躺卧在长沙发上，母猫无精打采，耷拉着脑袋，公猫也是疲惫不堪的样子，小猫的耳朵和爪子不安分地动着。忙碌了一上午躺在干草垛下休息的农民也不会比它们更疲惫，然而它们上午什么也没干。一定是某种自然现象导致了这种虚弱和通达全身四肢的神经质般的抽动。”——原注

D'apres une peinture du comédien Rouviere.

（《猫妈妈和小猫》，根据演员鲁维埃的画绘制）

人们刚把正在和母猫亲昵的小猫抱走，母猫就开始呼唤小猫，它的叫声和鸽子发出的咕咕声混在一起。母猫找小猫的时候，小猫刚踏进隔壁房间。

公猫也用叫声附和母猫哀婉的叫声，好像有人对小猫图谋不轨。

三只猫团圆后，大猫不停地舔小猫，做各种亲昵举动，虽然小猫的扁脑袋和塌鼻子让人觉得它好像不太开心，不过它懂这些爱抚的含义。

我猜，论母爱的话，女人比母猫更胜一筹。

小猫长到一个半月大，就到了送走的时候，它断了奶，也接受了基本教育。它一出生就被告知会遇到很多像母亲一样温柔或像父亲一般阳刚的朋友。

它将在新家继续发展父母遗传给它的优点。

它走了！母猫不安地在家中各处寻找，一连几天不停地呼唤小猫，直到记忆中被它精心呵护的孩子的样子变得模糊不清。

（《舔小猫的母猫》根据格兰德维尔的画绘制）

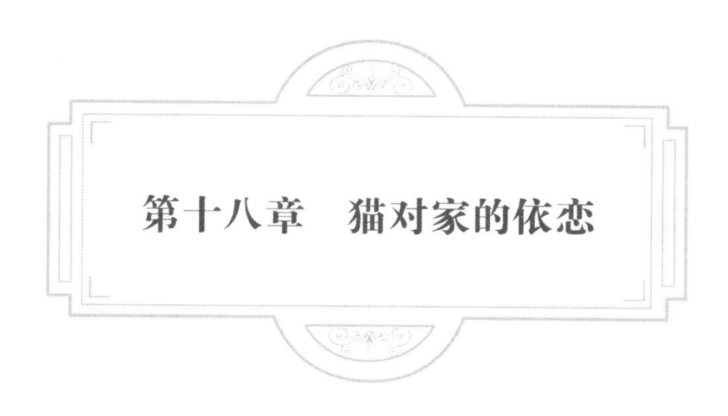

第十八章　猫对家的依恋

被带到新家的猫凭借和狗一样灵敏的嗅觉，长途跋涉回到旧居，这样的例子很多。

某日，一乡村地区神甫获升迁机会，即将调任邻近小镇引导众生，小镇距离原来的教堂有五里[1]路。

他家有一名女佣、一只乌鸦还有一只猫，家里充满了生气。猫是某种意义上的小偷，爱开玩笑的乌鸦不停啄它脑袋，年迈的女佣跟在它们后面，一会儿骂这个，一会儿训斥那个，神甫乐滋滋地看着他们争吵。

---

① 法国古代长度单位里，1 里约合 4 公里。

搬到镇上第二天，猫不见了。乌鸦不安地在院子里四处蹦跶，找它的伙伴；老女佣发现一块肉也没被猫叼走，一脸遗憾。神甫担心他们的伤心会对自己不利，把原本对猫的非难发泄到他身上。

几天后，以前教区的一位教民来看望神甫，问神甫是不是故意把猫留在村里。因为有人看见这只猫在神甫的旧居门口喵喵叫。这位农夫以为神甫要遗弃这只猫，所以没把它带来还给主人。

猫主人和女佣强烈抗议弃猫指控。于是，猫被送了回来，他们十分高兴，然而猫却再度消失，完全不考虑它的离开引发的情感波澜。

神甫被再次告知，猫给他的继任者带来极大困扰，它凄惨地在院子里游荡，伤心地立在旧居的墙头，不肯离去。

憔悴不堪的猫第二次被送到镇上。它离开了八天，这八天似乎没吃东西，其样貌让人心痛，皮毛失去了光泽，勉强包着一副骨架。

老佣人对猫咪倍加呵护，甚至爱心泛滥，为它准备大块肉食，敞开食品储备间的门，假装忘了关门，以此迎合它的动物本能。

油水如此丰厚的厨房还是没能把它留住。旧居让它如此挂心，站在旧居墙头的猫颇像土地被征而伤心欲绝的老人。

固执的猫瘦得像块板条，惨叫声搅得村里人心神不宁，再这样下去，村里人可能会给它一枪，好让村子清静下来。

猫不知好歹，但是老佣人依然记挂着它，想出一个“苦肉计”，可以让猫觉得神甫的新居是人间天堂。

一名男子抓住猫，把它塞进袋子，然后把袋子扔进沼泽，再把惊恐万分的猫带到旧主人身边。从此以后，它再也不逃跑了。

（德拉克洛瓦 作）

在比利时，有人曾经为猫不畏艰险回家的奇特本能下了很大的赌注。

佛兰德地区流行赛鸽，人们为鸽子下注，赌哪只鸽子会率先从指定地点飞回来。

有位农夫打赌说，如果把他的猫和十二只鸽子带到八里远的地方，他的猫能比鸽子早回到家。

猫的视力范围不大，喜欢定居生活，它要是跑到野外，定会选择干爽之地或者绿草地。它不喜欢水和泥坑，而且人类会使它惶恐不安。

鸽子在空中翱翔，可以躲避地面上的风险。远距离飞行是它的天性，只有死亡才能阻止它归巢。

大家嘲讽农夫的另一个原因，是这段路上有一座桥连接河两岸，这个障碍可能会影响猫的嗅觉。

可猫战胜了十二个对手，到家时间比鸽子早，给主人挣了一大笔钱。

这是真实发生过的事，但却很像威廷顿的猫、童话故事里“穿靴子的猫”还有其他民间故事中帮助穷人的猫。

生动的故事往往披着童话的“外衣”，只有符合常识和情理的虚构故事才能流传，充满想象力的作品中必然包含对真实生活的深刻观察，就连霍夫曼在他最奇幻的作品中也零散地记录着这种观察。

（《霍夫曼肖像》，莫兰 作）

第十九章　猫的语言

杜邦·德·内穆尔从十八世纪伟大的思想家的学说中汲取养分，成为自然主义哲学家。他认为研究动物智能及其对人类的益处是有价值的。

在提交给法兰西学会的一篇论文中，杜邦·德·内穆尔为观察者提供了理解动物的方法。

他的方法是，“用研究我们自己的方法去研究动物”。

他没有理会关于动物灵魂的乏味争论，那些争论就留给形而上学者吧！他更接近蒙田派，提出了这样一个问题：

“它们完全不听我们的，这到底是谁的错？答案可能要猜一猜，因为我们也听不懂它们在说什么。同理，我们认为它们是禽兽，它们也会把我们当成禽兽。[①]”

人类具备高等智慧，有能力了解低等智慧。他们能把最私密的情感放入理性的蒸馏瓶里分析，让它无限升华。孩子不能理解被文明武装起来的成人的种种念头，但是成人能明辨孩子的感受，就像保姆能理解孩子，但孩子却不能理解保姆。

动物，就是孩子。不过杜邦·德·内穆尔比蒙田更进一步，他想进入神秘的动物语言世界。

他说：“我们不能理解大多数动物，是因为我们不能设身处地为它们考虑，这种障碍源于一些偏见。我们一方面贬低它们，另一方面又夸大自己的重要性。

“然而当我们坚信低等动物也有智慧，只是它们把这种智慧用于很有限的观念和利益上面，但对其关

① 至于蒙田，他说：“我们现在对动物的感知能力有一些基本的了解，动物对我们也有差不多的了解。动物讨好我们，威胁我们，需要我们；我们对动物也一样。另外，我们发现动物有一套完整的交流系统，同类可以相互沟通……”——原注

注时间更长，频率更高，形成的印象更深刻，还经常在脑中重温；当我们通过反省，想想如果我们拥有类似器官，遇到相同境况，会如何运用智慧，我们就能根据它们与人类相似的情感、符合人类推理的结论，摸索出它们的思考路径，并且理解这个从记忆到概念到归纳的过程，正是这个过程使它们将感知转化为行动。”

以上论述十分精确。我认为，没有任何博物学家能提出更好的结论。

我们有排序、贴标签和立标牌的癖好，今天可能会把这位观念学者当作是唯物主义者或者无神论者，因为在 1868 年，把人和动物联系得太过紧密是大罪。

杜邦·德·内穆尔曾以观察家的身份谈及日内瓦的博内、索绪尔和于贝尔[①]学派。在此有必要说明一

① 夏尔·博内（1720—1793），瑞士博物学家，博内综合征（Charles Bonnet syndrome，简称 CBS）就是以他的名字命名的，他在 1760 年首度描述他的祖父的情形，他的祖父因为白内障两眼近乎全盲，但是却可以看到男人、女人、鸟、车辆、建筑物、织锦画、图腾等幻象。博内综合征是在心智正常的人身上发生的一种鲜明而复杂的幻觉。索绪尔（1740—1799），瑞士自然科学家，地理学家，他的研究是人们了解到勃朗峰是西欧最高峰，博内是索绪尔的舅舅。约瑟夫·于贝尔（1747—1825），出生在留尼汪岛的法国植物学家和博物学家。

下博物学家对“观察”的理解。“观察”是对自然界现象的有序研究、多年的关注、僧侣般孤寂的生活（因为科学是无法分担和分享的）、对所有情欲的割舍，还有成堆的笔记，而且如果没有公允的大脑对笔记进行分类，驾驭复杂多变的推理归纳，这堆笔记就会如同废纸，毫无价值。

Bronze égyptien, dessin de M. Prisse d'Avesnes.

（埃及青铜器，普利斯－达韦讷[1]绘制）

这位观察家排斥任何形而上学的东西，只提供事实、直觉（非常难得）、综合与思考的方法，将来给公众带来好处。

杜邦·德·内穆尔把自己的理论体系推向了极致。

---

① 普利斯－达韦讷（1807—1879），法国埃及学家、考古学家。

他写道：

有人问我，如何学习动物的语言，并且从它们的话语中领会大概的意思？

我的回答是，第一步是要仔细观察动物，它们发出声音对自己和同类来说是有意义的。因激动而发出的声音，在类似状况下重复，通过天性和习惯的结合，成了长期表达这种感情的声音。

当我们和动物一起生活，只要稍加留意，就不会否认这一事实。

如何弄懂这些被识别出来的语言？我们可以参考学习蛮族语言以及所有外语的过程。我们没有字典，也不懂他们的语法，我们听到一个声音就把它刻进记忆里，再次听到就能识别它，将它与其他相关但不完全相同的声音区分开，确定后就把它写下来，并在这个声音发出时，观察同时出现的事物和动作。

动物的需求和情绪不多，但是很急切，情绪也很饱满，因此表达方法十分显著。然而，它们的想法太少，字典里的词汇也不够丰富，语法也特别简单。名词特别少，大概是形容词的两倍，动词总是有言下之意，叹词就像德·特拉西[①]先生所言，总是用一个词表达整句话的意思，除此之外，没有别的词类了。

与动物相比，我们的语言就丰富多了，有众多方式表达我们思想中的细微之处。所以，不该把动物语言翻译成人类语言当成难事。

让动物把我们的丰富语言转化成它们的贫瘠语言更困难。不过，它们还是这么做了，否则，我们的狗、马和鸟如何懂得服从我们的声音？

如此精巧的理论却让杜邦·德·内穆尔遭受不幸，他翻译了一段夜莺的歌唱，成了他的对手嘲讽他的依据。

两个世纪前，马克·贝提尼[②]记录了一段夜莺的歌声：

丢乌，丢乌，丢乌，丢乌，丢乌，

吱噗，丢，吱咔，

阔咯，噼噼，

丢哦，丢哦，丢哦，丢哦，丢哦，

库丢哦，库丢哦，库丢哦，库丢哦，

---

① 德·特拉西（1754—1836），法国哲学家、政治家，最早在其著作《意识形态的要素》中提出“意识形态”的概念。

② 见鲁本《田园讽刺悲喜剧》，4开，帕尔玛，1614年。——原注

吱阔，吱阔，吱阔，吱阔，

吱，吱，吱，吱，吱，吱斯，吱，吱，吱，

阔咯，丢，吱咔，噼噼吉

杜邦·德·内穆尔把这些象声词翻译成下面的句子，取名为《抱窝期的夜莺》。

睡吧，睡吧，睡吧，睡吧，我亲爱的朋友，

朋友啊朋友，

如此美丽，如此珍贵，

带着爱睡去，

孵着蛋睡去，

美丽的朋友，

我们漂亮的孩子……

附庸风雅的浪漫主义诗人写的诗不比这首强，然而有的人却取笑这个有凭有据的发现。

沮丧的杜邦·德·内穆尔只好隐退乡间，他花了两个冬季在田野里搜集《乌鸦字典》的素材。他记下了这些词：

咔，咳，扣，库，库唔，

咯哈，咯呵，咯吼，咯呼，咯呼唔，

咔诶，嘅啊，扣啊，库啊，咯呼啊，

咔哦，嘅哎，扣哎，库哎，咯呼哎，

咔唔，嘅哦，扣哦，库哦，咯呼哦。

杜邦·德·内穆尔认为这25个词的意思依次是“这里”“那里”“右”“左”“往前”“停住”“食物”“当心”“有武器的人”“冷”“热”“出发”以及其他乌鸦根据需要交流信息时用的十几个词。

夏多布里昂也喜欢乌鸦，他可能注意到了杜邦·德·内穆尔为丰富自然科学编纂的字典。

这位天才对猫的语言也很感兴趣，而杜邦·德·内穆尔不只一次想记录猫的语言，他认为猫比狗更有智慧。

他说：“爪子以及爪子给猫带来的爬树能力，是猫获取经验和想法的一大源泉，而狗就没有了。”

他还说：“和狗相比，猫还有语言优势，猫的语言中除了狗使用的所有辅音之外，还有六个，m，n，g，h，v，f，因此猫的词汇比狗的词汇多。

“这两个因素，即更合理使用猫爪和信息更丰富的‘口语’，使猫在单独捕猎时比狗更灵敏、更机智。”

比较狗和猫的语言的内容只有这些了。专门嘲讽别人的人可以嘲笑杜邦·德·内穆尔的结论，因为他似乎忘了找一些杰出的德国和英国文献学家帮忙。

梵文里的猫用字母拼写出来是Mârdjara或者Vidala，用mandj，vid或者bid指代猫的叫声。

希腊语的猫是αιλουρος，猫叫的声音用laruggisein指代。

拉丁语里的猫写作felis，猫的叫声没有专门的词。

阿拉伯语里的猫写成字母是Ayel或Cotth，猫叫声的单词用字母拼写的话是naoua。

中国人用ming指代猫叫。

德语里的猫是Katze，猫叫声是miauen。

英语里的猫是cat，猫叫声的单词是mew（按照法语的拼读习惯就要写成miou）。

我认为，西方人对猫叫的描述最为恰当。

“Naoua”是一种极其东方的猫叫声。

中国人的ming让人联想到锣的金属声。

我更喜欢法语的miauler、德语的miauen和英语的mew，这些词属于一种更具有普遍意义的语言。

如果这三个民族的优秀学者把猫的语言用拟声词翻译过来，然后精诚合作，研究猫的词汇，也许我们就能把杜邦·德·内穆尔的努力变成现实，完成加里

（日本漫画）

亚尼[1]的愿望。

关于和猫打交道这件事，我仅用蒙田的一段话做个小结：

和我的猫玩耍时，谁知道是它在用我打发时间，还是我在用它打发时间？我们互相做搞怪动作；我有我的玩耍时间和拒绝玩耍的时间，它也有它的那套时间。

（中国制造的瓷猫，藏于塞夫尔博物馆，勒纳尔绘制）

① 附录中有这位才思敏捷的主教对猫的语言的评述。——原注

第二十章　农村地区的猫

公园绿植掩映下的小屋就是我的家。那一小块地，一半是草地，一半是花园，四周环绕着接骨木和野玫瑰组成的篱笆，是一处僻静舒适的所在。

清晨，鸟儿在篱笆上嬉戏蹦跳，发出生硬的叫声（“特特特特特特”），就像在啄木板。猫被这种声音吸引过来，埋伏在篱笆下，一动不动，就这么待了几个小时，一无所获，因为它不属于蒙田笔下用绿眼睛勾走鸟魂、让鸟直接掉进嘴里的那种猫[①]。

我的工作室极其简陋，外墙上爬着几株野葡萄藤，背靠着一棵高大的刺槐树。

猫先跑到刺槐树下磨爪子，然后爬上矮枝，再从矮枝一跃而下，跳到地面，然后又爬上去，跳下来。

猫就这样在小花园上蹿下跳了一会儿。它看到主人伏案思考，还在纸上写写画画，好像没它什么事儿，便跳到我旁边的长椅上，蹲在那儿，突然又跃上写字台，要看看到底主人有何要事，竟无法分神看它。

“我也很重要。”它像是用这句话为自己的放肆辨白。

它在写字台上安顿下来，正对着我，安详的神态像极了它的古埃及先辈。

然而，动来动去的羽毛笔让它的绿眼珠放光了。这可不是好迹象！它觉得羽毛笔在纸上运动得太慢，用爪子推了几下笔杆，直到被喝止才罢休。

在工作中被打扰的人是幸福的，因为他找到了偷

① “最近，有人在我家里看见一只猫守候着树上的鸟，两个动物互相对视了一段时间，鸟就像死了一样，或者陶醉在自己的想象中，又或者被猫的特别吸引力勾住，被猫爪子甩来甩去。”（蒙田，《论想象的力量》，第一卷，第二十章）——原注

懒的绝佳理由。

猫恢复了庄严的神态，我也重拾笔杆。不一会儿，它又开始捣乱了。

“诶，诶！”我对它发出第二次警告。

最终还喊出“走开”的最后通牒。由于没法让它守规矩，我只好让这个有破坏力的动物彻底离开。

我终于摆脱了与我作对的猫，然而好景不长。

片刻的宁静之后，又听到屋顶传来奇怪的抓挠声。屋顶的油毡布年代久远，裂开了几道口子。只见一只猫爪穿过一道口子和屋顶的板条，在空中抓来抓去，好像在寻找一只可以紧握的手。

对于猫还有孩童来说，洞眼绝对是乐趣之源。一只猫爪抓破了屋顶，两只猫爪即将在此上演哑剧。头顶上这出好戏叫我如何安心工作？

我要远离猫的阴谋诡计。于是我走出工作室，在两棵接骨木之间的吊床上躺着。树枝交错，形成密实的树荫。要是今天写不出什么东西，至少可以安静地读点书。

正在此时，一只小猫从邻居的屋顶上下来。两个小伙伴开心地玩起来，在花坛上追逐打闹，一会儿拥抱在一起，一会儿在黄杨树间捉迷藏，一会儿发出咕噜咕噜的抱怨声，一会儿互相咬、拉扯对方的耳朵；一个斜着跳，另一个出其不意横穿过去，有时眯着眼睛，有时露出粉红的舌头。

就让两只小猫追蝴蝶，追被微风吹动的落叶吧！我要忘了它们。我躺在吊床上，手里还有书要看。

晨起喝蔬菜汤对肠胃有益，优秀的作品对精神有益。

猫打扰了我的工作，却让我想起很久没读拉布吕耶尔[1]，现在我可以读几页他的著作了。

清风吹动书页，树荫挡住阳光。在这里读书，好不惬意。

（实物素描，克罗伊茨贝格 作）

① 拉布吕耶尔（1645—1696），法国作家，著有《品格论》。

突然，一只小猫奔向我左侧的树，它的同伴跳上右边的树。两位“喜剧演员”在吊床上方的树枝上会师了，它们不时从枝叶中探出小脑袋。调皮的表情、扭摆的姿态、互相召唤的猫爪、全身战栗时的抖动、咒骂声、温柔的喵喵叫声、向前探着的身姿、滑稽的动作让我放下手边的书，我不想对十七世纪的那位著名作家心存不敬，只是眼下这两只小猫比拉布吕耶尔对人类的观察更吸引我。

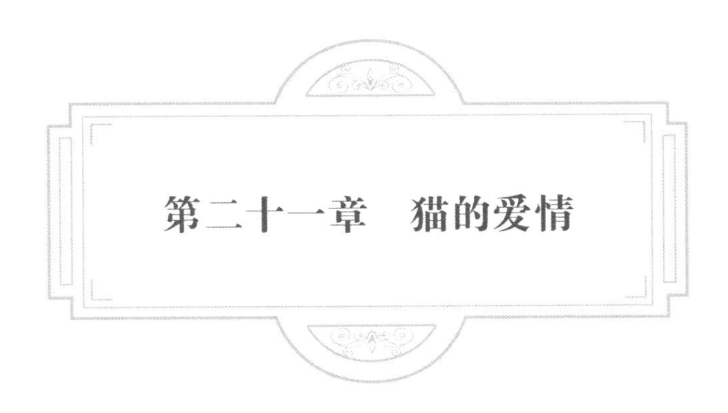

第二十一章　猫的爱情

某年初冬，我观察到家里养的一对猫有恋爱的迹象。后来因为遭遇意外事故，我必须在家中静养，于是见证了它们相爱的全过程。

母猫比以往更顽皮，还刁难公猫。公猫以哲学家的豁达承受着母猫的坏脾气，沉浸在柏拉图式的恋爱中。

第二天，换成公猫追着母猫跑，母猫装聋作哑。

连续三天，猫都在玩这种互相斗气的爱情游戏。

公猫发出长长的哀鸣，狠心的母猫不为所动，心中没有一丝涟漪。

痴情的公猫显得很可怜，食欲不振，瞳孔放大。看着它，我们就知道它有多煎熬。它间歇发出悲情的喵声，在家具上蹭来蹭去，试图压抑正在吞噬自己的内火。母猫却好像完全不在意这位苦主。

突然，我听见一声惨叫，紧接着是一阵急促的“拂拂拂拂”声。母猫在隔壁房间的地板上滚来滚去，仿佛突发神经痛。它侧卧着身子，背部发力，猛蹭地板。

公猫在离它不远的地方站着，神色凝重，看着它抽搐的怪样子，十分淡定，好像在思考为什么母猫会舔爪子，然后滚来滚去，开始舔爪子。

过了一会儿，公猫觉得母猫恢复了平静，便靠过去，结果被母猫狠狠打了两嘴巴。不过它好像没有灰心，五分钟后又开始献殷勤。

爱情的前兆真是奇怪！先是公猫咬母猫的脖子，母猫一动不动而且一声不吭，然后公猫用爪子按压母猫的身体，一直按压到母猫发出长长的吼叫。

之后，每隔四天就会出现这样的打闹，获胜的公猫总会被母猫臭骂一通，而且打闹仪式后还会被母猫赏两个耳光，不过它的胡须下藏着笑意。中间三天双方“停火”。

然而，从第四天起，公猫偶尔小睡。它躺在椅子上，可能是在思考自己的桃花运。不过，母猫不这么看，它从真命天子那里学到了恋爱秘笈，现在轮到它咬公猫的脖子，踩它的身子，哪怕公猫发出怒吼，它也不肯停止。公猫只得逃到别处。

在这方面，也许我们可以来解析“猫语”。在五花八门的喵声中（有人列出了 63 种猫叫声，不过很难提供注释），我只举其中一例。那是一种感情浓烈的喵声，猫在发声时会做一个意思清晰的动作。这种动作只能被解析成——“你来吗？”然后两只猫一起到隔壁房间，发出海誓山盟的声音。

值得注意的是，在家中饲养的猫白天谈恋爱，晚上停止；野外生活的猫晚上谈恋爱，清晨结束。

在野外，公猫找不到献殷勤的对象时，会用一声声哀嚎表达对爱情的渴望，方圆一里的母猫都能听得真真切切。

初次见面的猫会表现出特别的礼仪。

可能是因为害羞或者拘束，公猫和母猫一开始会保持距离。它们观察对方的小动作，四颗绿眼珠对视，然后开始对唱，完全不管它们的声音是否合拍（睡觉轻的人会被惊醒），这种感情浓烈的对唱有时会持续数小时。它们从未谋面，难怪会有这么多话要说。公猫用炙热的语言表达爱意，母猫诉说自己对求爱者的种种期待。

然后，两只猫在地上匍匐前进，彼此靠近。可当公猫快要靠近母猫时，母猫会突然跑开，绕着圈乱跑、弹跳空翻，和公猫在烟囱和檐沟上玩捉迷藏游戏。奔跑让双方增添爱意，它们突然停下，炙热的眼神对视一番后，母猫冲向公猫，对它又咬又挠。

Rendez-vous de chats,
d'après un dessin d'Édouard Manet.

（《猫的约会》，根据马奈的画绘制）

野猫的感情表达比家猫浓烈得多。爱意中透着生猛。公猫会因为嫉妒大打出手，毫不留情，战斗不息。打完架的猫回家时经常头破血流、鼻青脸肿。外出时，它只靠爱情和清水活着。虽然身体要遭受极大的伤害，皮毛肮脏，身体消瘦，耳朵撕裂，但它并不会在家里老实待着。

三个月后，一听到母猫叫，它又开始扮演赫拉克勒斯[1]，不达目的誓不罢休。

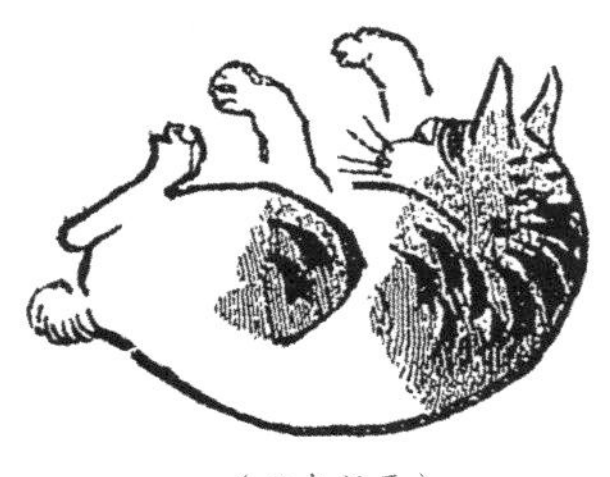

（日本版画）

① 古希腊神话中的英雄，力大无穷，在十二年间完成了十二项不可能完成的任务，即十二试炼或者十二功绩。

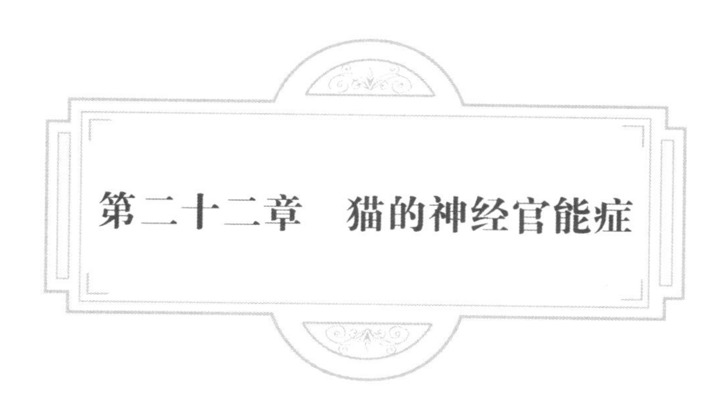

第二十二章　猫的神经官能症

创作题材广泛的作家皮埃坎·德·让布卢有时思想混乱，他在《论动物的疯病》中描写了一些犯病的猫。

其中，有说服力的事实很少，剩下的那些则需要进一步核实。只有态度认真工作细致所完成的科学观察才算得上是严肃的。

比方说下面这些论述，能得出什么样的结论？

皮埃坎·德·让布卢写道："我几次观察猫对音乐的反感。这只猫每每听到音乐，无论是钢琴弹奏出的短促音节，还是钢琴伴奏下连贯、轻柔、婉转的演唱，它都会反感到全身抽搐；它的同伴则会趴在钢琴上，聆听最美妙的法国歌剧选段，顺便享受乐器震动带来的乐趣。”

猫的神经系统可能极其敏感，尽管它可以忍受乐器的声响。既然公猫和母猫对音乐的感觉差异如此巨大，观察者为什么没有注意到两只猫中是否有一只母猫？因为公猫和母猫的敏感度并不一样。

在《杀婴偏执病》这一章，皮埃坎·德·让布卢举了三只老母猫的例子，它们看到主人宠爱自己的幼崽，对幼猫产生嫉妒和恨意，便将它们杀了。

他写道：“有一只西班牙母猫一生都在给孩子制造恐惧，因为它杀害幼崽，偶尔有一只幸免于难，那肯定是只小公猫。”

上述观察需要另一位更认真的博物学家进行核实。

毫无疑问，猫有嫉妒心。把同类引入它的生活中心肯定会让它伤感，一时间食欲不佳。但嫉妒怎么会导致它对幼崽痛下杀手？

公猫偶尔会吃掉幼崽，养过猫的人都见过这种情形。杀婴偏执病的罪名难道不应该算到公猫头上吗？虽然人们还没搞清为什么公猫会杀害同类。

杜邦·德·内穆尔认为公猫吃掉刚出生的小猫，“不是把它们当成了猎物，而是因为它们妨碍它再次获得乐趣。”

我在本书第一章就说过，虽然这种观点和希罗多德的观点很一致，但是很难令人信服。

生活在什么都不缺的室内环境中的公猫从来不吃幼崽。

猫崽整窝消失只会发生在乡村，特别是偏僻的地区。那里的公猫极度饥饿，变成了“吞噬猫的怪物”，恕我斗胆造了一个新词。

至于杜邦·德·内穆尔提到的“妨碍它再次获得乐趣”，应该说公猫的发情十分规律，我从来没见过公猫挑逗哺乳期的母猫。

当然，我说的是那些养在家里的猫，它们被驯化得温柔且通人性。

我同意皮埃坎·德·让布卢的一个观察。长毛猫看到大型犬纽芬兰犬突然走进家门，毛立刻竖了起来，不敢发出声音，缩成一团，害怕得连气都不敢喘。它一脸惊恐，全身发抖，眼睛死死盯着大狗，像是着了魔，连主人的抚摸和声音都感觉不到。敌人走后，它的内心依旧不能平静，待在原地一动不动，目光还停留在大狗刚才待过的地方，以往聪明伶俐的样子不见了，取而代之的是呆傻的表情。它小心翼翼，亦步亦趋，毛还竖着，倒退着离开刚才的位置，缓慢地伸出一条腿往后退，退之前还不忘四处张望一番，神色慌张，生怕发出细微的声响把那头庞然大物给召回来。

皮埃坎·德·让布卢写道："数小时后，它的恐惧才消失，然而它再也无法恢复往日的机智聪颖。"

旅行家也证实了类似的恐惧症，例如遇见狮子的狗、遇见骆驼的山羊，不过这些并不是疯症。

有一位医生描述过类似的病例，起因不同。一只小猫跌入深井，被凸起的石块接住，它死死抓住石头。猫主人被它的叫声吸引过来，将它救起，然而这次遇险损伤了它的心智，小猫的余生十分悲惨，完全处于痴呆状态。

这些案例很相似。下面这则轶事也可以归入皮埃坎·德·让布卢的疯病系列。

"一只母猫总是在玩石膏制成的白兔模型，摆弄晃动兔脑袋，不久后，它生下一只和兔子颜色相近的小猫，后来，小猫也像白兔模型一样摇头晃脑。"

在乡村生活时，我目睹过两次小猫神经紧张。在我看来，它们更像是精神失常，而不是突然产生了一些奇怪的“念头”。

一只猫突然毫无缘故穿过房间，速度快得像是脱缰之马，然后又像离弦之箭般穿过花园，上树，爬向高高的树枝，在高处待了好几个钟头，身体依旧颤抖不停，眼神充满恐惧。

（实景素描，德拉克洛瓦 作）

我们叫它，它不听；我们在树下摆放食物，它也不为所动。它意志消沉，完全失去了理智，这种怪病最后导致它从高高的树枝上跌落，那根树枝只能承受鸟的重量。

我在两只性别不同的猫身上观察到数次精神失常的状况。这两只六个月大的猫身体很好，过去常在花园嬉戏打闹，无拘无束，当时它们还没有到发情的年龄。

这种突发病症无法压制，无法预知，也没有征兆。

“着了魔的”猫会找个僻静地方待着，高处、洞穴或者树上，这样，它们疯癫时才不会被人打扰。

我很少看到室内养的猫出现这种情况，家猫偶尔在中午兴奋地跑动，大多是因为外面刮着呼呼的北风。

（日本画家的速写）

第二十三章　猫的自私

即将结束这次研究时，我偶然读到普鲁塔克的一段话，这段话引人深思。

这位历史学家说，凯撒大帝看到罗马城里有钱的外国人，无论去哪儿都带着小狗或者小猴，把它们放在大腿上温柔地爱抚，便去打听这些国家的女人是不是都不生小孩。“这是以帝王的口吻责备那些把爱意和眷顾放在动物身上的人，造物主将这两种感情装进我们心里，原本是让我们将其施予人类。”

看到今天的时尚女性早晨四点到六点去布洛涅森

林[1]遛查尔士王小猎犬，凯撒大帝会作何感想？对名贵动物的奇特好感是无所事事的人打发时间的工具。必须承认，上面那段话体现了《名人传》的作者惯常的睿智。同时我们也应承认，人类从古至今得到了充分研究和诸多赞誉，现在，被看轻或者被虐待的动物也受到了关注，印证了19世纪人文主义的思想。

今天，法庭已经可以惩处虐待动物的行为。自然科学研究让人们对动物的特性有了更清晰准确的认识。结束全文前，我想再讨论一下所谓的猫的自私。

“不要以为猫在抚摸你，它是在爱抚它自己。”尚福[2]机智地告诉我们。

这句俏皮话有待讨论，而且可能会对人类不利。

猫饿的时候，为了获得食物，会发出呼噜呼噜的声音，它用身体蹭平时给它食物的人的脚踝。这些活跃的动作是针对它需要的那个人。如果这时猫也爱抚了自己，它对主人表达的爱也不会因此失色。

猫的特点是“不做作”，它因此遭到诽谤。在这个世上，它自然地扮演自己，饿了就说，想睡觉了就躺下，想出门了就发出请求。

---

① 布洛涅森林是巴黎西部的森林公园。
② 尚福（1741—1794），法国作家、伦理学家。

猫的寡情一直备受苛责，然而将所有的爱错付给这种自私动物的可怜人为什么没有疏远它？因为对猫的崇拜虽然算不上宗教，但也是从古埃及传承至今的。今天，人们不再用绷带裹上死了的猫制成木乃伊，但他们在猫活着的时候给予照料。猫肯定更希望得到这种照料而不是尸体的防腐处理。

无论是在富人的宫殿，还是穷人的阁楼，猫都能受到公平的待遇。

猫不是布丰笔下“不忠的仆人”“无用的仆人”[①]，因为它只是按照自己的方式工作，这种时候，它才会表现出奴隶般的奉献精神[②]。

院子里，一只猫蹲在铅管旁，铅管另一头通向房屋内部。人们召唤在岗位上职守的猫，它头都不抬。它蹲在石板上，时不时伸爪子进铅管里掏一掏，抽出爪子时总是一脸不快。

这只猫看到一只老鼠钻进这条铅管。它惩罚自己在这里看守几个小时，直到老鼠投降。

这一天，自私的猫“尽忠职守了”。

---

① 参见附录部分。——原注

② 因此，我不太同意“不工作的自由”的说法，一位大师想把这句话作为题铭刻在颁给猫的纹章上。——原注

为了消灭鼠患，它不求任何食物，吃房子里的老鼠就够了。如果房子间没有老鼠了，只要猫在那儿，老鼠就不敢靠近。虽然猫外表慵懒，但它是不折不扣的哨兵，只要在一个地方安营扎寨，它就不会让老鼠靠近。

我们能谴责被阉了的公猫无精打采，任凭老鼠在它胡须底下为非作歹吗？它都失去了作战能力。显然它并不希望受这种非人道的阉刑，永远失去猫的本能。

人希望得到猫的陪伴。

猫却不想要人的陪伴。

（《不工作的自由》，画家维奥莱－勒迪克 作）

就让它在林间、花园自由奔跑，它不屑剩菜剩饭，不会回来躺在客厅的地毯上。猫能够自给自足，能找到食物，能在树上睡觉。八天的自由生活就能让它恢复独立的野外生存状态。

人类为了掩饰自己的恶习和坏毛病，往往让别人相信自己身边的动物有很多恶习。

“猫是自私的象征”，严肃的绅士不停地用说教的语气重复着。这种人，再小的忙，我也不会找他们帮。

附　录

1 猫的常见病的治疗

我们说的猫“病”大多源于炎症，这些病症在幼犬身上并不常见。

猫会因此变得消沉、迟钝，耷拉脑袋，垂着尾巴，声音嘶哑，瞳孔散大，呼吸短促。这是最初的症状。之后，猫会变得更加迟钝、胆怯，皮毛也失去了光泽，耳朵发热。它不再回应人类的爱抚，而是躲在房间最阴暗的角落，不出声，也不吃东西。

如果猫出现吞咽困难或者拒绝进食，那它的舌头肯定已经变成灰白色、绿色或者黄绿色，这时，主人要留心观察。为了防止炎症恶化，应该给猫喂一勺催泄剂，也就是我们常说的鼠李糖浆。

虚弱的猫被灌下几口催泄剂后会厌恶地逃走，这时让它安安静静地待在它选的角落，给它准备一个睡觉的小筐。千万不要打扰它，就让它这么独自待着。

健康恢复后，给猫喂些奶，再往后，可以给它准备一些动物内脏作为食物。不过，猫比人类明智，通常它在康复期只喝水。

有时，没有公猫陪伴的母猫也会生病。如果母猫出现沮丧、萎靡的症状，放它出去就好了。

另外，把刚出生的小猫从母猫身边带走也很危险，母猫乳房存着的奶会造成体内紊乱。

有人以为在母猫胸前挂一串瓶塞做的项链就可以帮它回奶。软木塞子和乳腺的工作机制有什么关系？这不过是一种旧俗，就像在小酒馆门上挂“三月啤酒”[①]的招牌。现在还能看到戴这种项链的母猫，想必猫的回奶问题仍然没有解决。

有一种不那么幼稚的药方可以帮与幼崽分离的母猫回奶。

用醋稀释碳酸钙，搅拌制成软膏。每天早晚两次，用软膏擦拭猫的乳房，同时给母猫喂香芹煎牛奶。

软膏擦拭和香芹煎牛奶要连续使用十天。之后，连续两天，每天给母猫服用20克蓖麻油清肠胃，两次催泄需要间隔24小时，以免造成母猫身体虚弱。

英国人卡斯特女士写过一本关于猫的书，她给那

① “三月啤酒”是指在三月份酿制的啤酒，也叫“春季啤酒”。古时候，由于设备简陋，啤酒通常只能在10月到次年3月酿制，也就是一年中最寒冷的几个月。

些没有经验的人提供了一些照料病猫的建议。

最好先用足够大的毛巾轻柔地把猫裹起来，把它整个身体包住，这样，操作的人也不会被猫爪子挠到。

喂药时，把猫放在腿上，给猫系上围嘴，以免汤药弄脏了它的胡须和皮毛。

英国女士写道：“用戴手套的手温柔有力地打开猫的嘴，让它尽量张大，用茶勺一点一点把药送进去，让它顺畅地小口咽下。注意不要把勺子放到上下牙之间，以免被它咬住，把药撒得到处都是。用抹布蘸温水，擦掉猫嘴边的污迹，然后用干净的布把它的嘴擦干。脱掉裹着它的大毛巾，把它放到温暖、安静的地方，让它待半小时，不要给它水和食物。

“总之，就是观察药效，就像给生病的人吃药一样。

“准备一间临时医院，只需要几个空房间，无须地毯，但是可以在里面生火，暖和的环境可以使治疗事半功倍，所有生病的动物都特别需要热量。

“给病猫准备一个舒服的窝，准备足够的水，让它口渴的时候喝。除了你自己，不要让任何人靠近它，因为静养和热量是自然疗法的好帮手[①]。”

还有人认为剪猫尾巴尖可以驱虫，因为尾巴尖被认为是虫子聚集的地方。剪刀或者烧到白热的火铲猛地夺走了一截猫尾巴，没有了灵活自如的尾巴，猫的行动和感知都会受到影响。

这又是一种能造成永久伤残的野蛮偏见。可是应该怎么理解维护这种偏见的作家？这位作家写了整整一章，标题是《应该什么时候割掉猫尾巴》，认为割尾手术能降低发病率[②]。

其实，猫的皮肤病更危险，这些病不仅会在猫之间传播，还会传染给孩子和大人。

博学多才的医生兼兽医于特雷尔·达尔博瓦尔在《医学和外科词典》中描述了猫的皮肤病及其治疗方法。

他养过很多猫。他发现，除非发生了类似于1673年造成威斯特伐利亚的猫大量死亡的疫病，猫患上皮肤病大多是因为主人疏于照料。

---

① 《英国杂志》，1868年。——原注

② 参见《论猫的身心教育》，卡特琳娜·贝尔纳，修道院看门人，1828年，12开。我猜修道院看门人是这位蹩脚作家的假身份，这个人迎合大众喜好和做法，却不敢透露自己的真实姓名。——原注

不管怎样，一旦发现脓疱，就要连续数天冲洗患处，冲洗时用锦葵和蜀葵或者亚麻籽的煎牛奶。除此之外，还要用碱水煮烟叶，然后用这种溶液或者用稀释过的氧化钾给猫冲洗身体。

把猫放到大太阳底下晒，再给它涂上除疱膏剂，配方如下：2 盎司亚麻籽油加 0.2 盎司的柠檬素软膏，充分搅拌混合，厚涂于患处。同时，给猫内服接骨木和球果紫堇煎牛奶。在此之前如果给猫喝了催泄的牵牛子泡蜂蜜水，猫会康复得更快。

给猫治病的兽医会用见效快的药治疗炎症，但是只有特别强壮的猫才能经受得住这种猛药。

兽医会用虱草、大戟和烟叶给猫催吐，并让猫每天两次浸泡在铁筷子和烟叶制的药汤中，这种速战速决的治疗方法十分凶险。

化脓后有一种比较温和的治疗方法。把猫放到暖和的地方，让它喝一些发汗、轻泄的药，再用四大瓶硝酸银溶液与清水混合，给它擦洗。

这种病导致猫大量死亡，就像发生霍乱一样，从 1779 年起，在法国、德国和丹麦，许多猫都死于这种病，同期也没有记录到新的疾病。

治疗骨折的猫，必须依赖专业的兽医。

我见过一只脊椎受损的猫，接受治疗后能走路，虽然走得有点困难，从高高的屋檐跌落导致它不再灵活，但这丝毫没有改变它温和的个性。

2 希伯来人的猫和古代的猫

《圣经》里绝对没有提到家猫，虽然先知提到一种叫 Tsym[①] 的动物，这些动物晚上总是在巴比伦废墟嚎叫，一些评论者由此认为这种动物是猫，其实更有可能是豺。

印度寓言故事集《五卷书》把猫称作“吃老鼠的”。《伊索寓言》模仿《五卷书》，菲德鲁斯模仿《伊索寓言》写出《罗马人的伊索寓言》。就这样，猫的形象经过数百年的流传，传给了拉封丹。和前辈寓言作家一样，他也承认猫是阴险的动物。

迪罗·德·拉马勒[②]认为，荷马在《蛙鼠之战》中提到了家猫，年迈的诗人把猫称作 galé。

我们比较肯定的是，希罗多德和亚里士多德笔下的 ailuros 指的是家猫。

西西里的狄奥多罗斯在描述阿加托希征服努米底

① 在希伯来语里，Tsy 意为猫，根据柏夏尔的意见，Tsyim 是它的复数形式。——原注

② 拉马勒（1777—1857），法国地理学家、博物学家。

亚时写道，大军翻越重重大山，山里住着大量的猫，任何鸟类都不敢在里面筑巢。

克劳狄俄斯·埃利安[①]证明希腊人所说的ailuros就是我们说的家猫，他指出这种动物可以归为用食物和爱抚可以驯服的动物，他还提到（可能他看到的是野猫），为了躲避这种动物，猴子都会逃到树枝上去。

希腊人的ailuros变成了罗马人的felis。老普林尼专门写过猫，罗马帝国末期作家帕拉狄乌斯在《论农业》中把cattus或者catus描写成一种能把谷仓里的老鼠吃掉的有用动物。

布兰维尔[②]说："如此看来，猫应该是在这一时期被驯化的，因为可以肯定的是古希腊人和古罗马人没有那么早就驯化猫，但是古埃及人做到了。"

在他的骨科专论里，这位法国自然学家试着用古代文献证实动物驯化，他没有找到古希腊和古罗马人养猫的证据。

布兰维尔提到一只木乃伊猫，被除掉包裹尸体的布条，陈列在博物馆里。他写道："E. 若福瓦先生和

---

① 克劳狄俄斯·埃利安（约175—约235），罗马帝国时期历史学家、动物学家。

② 布兰维尔（1777—1850），法国自然学家和解剖学家。

G. 居维埃先生都承认这是一个和欧洲家猫没有区别的动物，这似乎并不完全正确。此后，同样有机会看到木乃伊猫的埃伦贝尔先生表示，这些木乃伊里的动物属于至今仍然没有被驯化的动物，但这种动物在阿比西尼亚已经被驯化。”

布兰维尔在研究了其他木乃伊猫后得出如下结论：古埃及人养了好几种猫，“我们因此可以断定，古埃及人养过三种至今依然可辨的猫，生活在非洲地区的猫、野生的猫和家养的猫。”

对于斯基泰－凯尔特民族来说，猫并不是家养动物，因为在欧洲和北亚考古发掘的古代墓穴中，布兰维尔找到了成堆的牛骨、鹿骨、羊骨、猪骨和狗骨，但没有找到任何属于猫的遗骸。

3 达尔文对猫的驯化和种群历史的研究

达尔文在《物种起源》里就写过猫。据他观察，蓝眼睛的猫基本上是聋子。他还指出，猫的耳朵是直立的，因为它总是处于戒备状态，耳朵的肌肉从幼年起就得到锻炼，懒散的家畜耳朵是松弛下垂的。

在新作《动物和植物在家养下的变异》[①]中，自然学家提供了更多关于猫的细节。接下来，我引用书中对历史的研究和一些观察笔记。

在东方，猫很早就被驯化。布莱先生告诉我，一份两千年前的梵文书稿中提到了猫……

曼岛的无尾猫和一般的猫的区别不仅在于尾巴，还在于后肢的长度、头的大小和习性……

德马雷笔下的一只好望角猫，背上有一道非常引人注目的红色条纹。

我们在偏远地区发现了一些与家猫显著不同的品种。造成这些差异的部分原因是它们的祖先属于不同

① J.J. 穆里尼耶译，8 开本，巴黎，出版商为莱因沃尔德，1868 年。——原注

品种，或者至少与其他品种杂交过。然而在巴拉圭、蒙巴萨、安提瓜，外部环境直接导致了这些差异。还有一些情况，我们认为是自然选择的结果，是猫为了生存、躲避危险做出的改变。考虑到给猫配种的难度，人类完全做不到系统筛选，无意识的筛选可能性也很低，虽然人类通常会把每胎幼崽中最漂亮的留下来，而且特别在意它们是否能成为捕鼠能手。不擅长追逐猎物的猫常会被陷阱害死。猫属于人类特别宠爱的动物，如果某个品种比其他品种好，就像哈巴狗相对大型犬，那么这个品种可能更有价值；如果筛选能起作用，那些有着悠久文明的国家肯定已经创造出不少品种，因为物种变异的可能性很高。

在我们国家，有各种体型的猫，有不同身材比例的猫，还有毛皮颜色各异的猫……猫尾巴的长度也千差万别。我见过一只猫，高兴的时候可以把尾巴倒伏在背上……

巴拉圭的生存环境对猫不太友好，虽然猫处于半野生状态，但它们并没有像其他欧洲来的动物那样发生变异。茹兰表示，在南美洲另一个地区，猫已经没有了夜间嚎叫的习惯。威廉·达尔文·福克斯在朴次茅斯买了一只猫，卖家告诉他，猫来自几内亚湾。猫的皮是黑色的，有褶皱，毛很短，呈灰蓝色，耳朵上几乎没长毛，四肢很长，外貌奇特。这只“黑种”猫后来还和普通的猫交配，生下小猫。

……在中国，有一种猫耳朵下垂，据葛美林说，在托博尔斯克有一种红毛猫。在亚洲，我们还发现了安哥拉猫和波斯猫。

有的国家，家猫回归野性，根据简短的描述，我们推测在这些地方，猫恢复了某种共性。在拉普拉塔的马尔多纳多省，我杀了一只野猫，沃特豪斯先生对它仔细检查了一番，发现除了体型大以外，它没有其他特别之处。迪芬巴赫说，在新西兰，重新回归野性的猫会像野猫一样，皮毛呈混杂的灰色，苏格兰高地的半野生猫也是这样的。

4 猫的词源

瓦隆语：chet

勃艮第语：chai

皮卡第语：ca，co

普罗旺斯语：cat

加泰罗尼亚语：gat

西班牙语和葡萄牙语：gato

意大利语：gatto

拉丁语：catus或者cattus，后者属于通俗拉丁语，只能在年代较近的作家如帕拉狄乌斯和伊西多的作品中找到。

凯尔特语：vil

日耳曼语：cat

威尔士语：kâth

盎格鲁萨克森语：cat

古斯堪的纳维亚语：köttr

现代德语：katze

伊西多认为，cattus 源于 cattare，意为“去看”，因为猫总是在看，在观察。Catar，意为“去看”，在普罗旺斯语和古法语中写成 chater。我们不知道 cattus 和 catar 的起源，鉴于它们很晚才出现在拉丁语中，它们应该起源于凯尔特 - 日耳曼语。在阿拉伯语里，gittoun 是“公猫”的意思，不过弗赖塔格[①] 怀疑这个词不属于阿拉伯语。（利特雷《法语字典》。）

（《野猫》，画家维尔纳 作）

① 弗赖塔格（1788—1861），德国东方学家，《阿拉伯 - 拉丁语词汇》是其最重要的著作。（参考 https://fr.wikipedia.org/wiki/Georg_Wilhelm_Freytag）

5 野猫

工作人员在巴黎植物园[①]多次驯化来自尼泊尔、开普敦（这一品种因其黑色皮毛被称为“暗黑”）和爪哇的猫。对于这些尝试，弗雷德里克·居维叶[②]鲜有提及，除了他研究过一段时间的开普敦黑猫。

他写道：“这只猫的眼睛和习性与家猫相似。在来欧洲的船上，它被驯化、被放养。和家猫一样，它向老鼠开战。它越大越强壮，捕鼠成绩就越好。到了植物园后，它先是被关在笼子里，后来重获自由。除了被抱起来、被抚摸时，它会表现出厌恶，其他时候，人们都以为它是家猫，因为它会记住人们给它喂食的地方，而且不许别的公猫靠近。它不能容忍同类进入它的领地，而它的领地范围很大。我深信它的死与树敌太多有关。它在我们这儿生活了一年就死了，当时还很年轻。”[③]

---

① 巴黎植物园不仅是植物园，附设的动物园在世界动物园发展史上也具有里程碑意义。

② 弗雷德里克·居维叶（1773—1838），法国动物学家，古生物学家。

③ 居维叶，《哺乳动物的自然史》，巴黎，1824 年。

6 中国的猫

勒努瓦神甫说，巴黎的低档餐馆常用猫肉代替兔肉，中国人直接把猫肉制成美食。在肉铺里，硕大的猫被吊着脑袋或者尾巴卖。所有村庄上都能看到被细绳拴着的猫，它们的食物就是剩饭，这些大肥猫很像我们这里柜台上、沙龙里的猫。人们强迫它们休息，这使它们极易发胖。

比起餐桌上的艺术，我更关注绘画艺术，我特别关注中国画家笔下的猫。

在中国，猫的形象经常出现在青花瓷制品中。雅克马尔在《瓷器的历史》中提到一件暗紫色花纹的瓷猫，它曾属于马萨林夫人，被拍卖时的售价高达 1800 里弗尔①：

在更普通的瓷制品中，猫有多种颜色，它们通常像埃及猫一样蹲坐。有的作品中，猫把脑袋枕在前爪上，身体拱成圆形。这时，猫的神态并不自然，它们

① 法国大革命前流通的货币。

扮着鬼脸，竖着耳朵，猫科动物眼珠里特有的直缝被放大。有时，这条缝成了一道实实在在的缝隙，加上背部的开口，会让人思忖，以前的人从里面点亮猫的头部，使猫眼的效果更加逼真。还有很多睡猫形象出现在花瓶的画面上。

日本人做过一些普通的瓷猫和瓷人。这些瓷猫被粗劣地涂成红色或黑色。精品瓷的中式房屋内景画面中总有些宠物，狗在花园里，猫正好相反，躲在家中私密的地方。有时它在梳妆打扮的女人身旁；有时它和孩童嬉戏，孩童的母亲和其他女性长辈在一旁喝茶。在这些画面中，猫总是白色的，有大块的褐色或者黑色的杂毛。可能这就是最受青睐的品种。

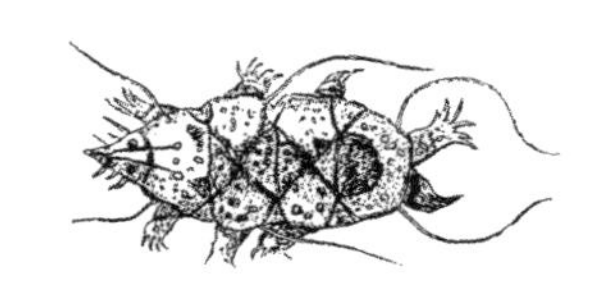

7　布丰对猫的指控以及德·屈斯蒂纳女士、索尼尼和加利亚尼的辩护

布丰以总检察官的姿态控诉猫，下面摘选一段他的公诉书：

猫是不忠的家畜，人们只在迫不得已时才会养它，用它对付另一种更讨人厌、更不容易驯服的动物……虽然猫，特别是小猫，很友善，但它们天生狡黠、性格虚伪、脾气古怪。随着年龄增长，这些缺点只会放大，教育也只能起到掩饰的作用。它们是死不悔改的小偷，养尊处优的环境也只能把它们变成阿谀奉迎、溜须拍马的无赖。它们都身手敏捷，精明狡猾，爱干坏事，有攻击弱小猎物的偏好。它们和无赖一样，知道如何隐蔽行踪、掩饰意图、识别机会、等待、选择、果断出手、为躲避责罚逃之夭夭，直到有人喊它们回家。它们会轻易地沾染上社会流俗，不学任何公序良俗，只假装喜欢人类，这一点从它们矫情的动作、歪斜的眼神中就可以看得出。它们从不正眼注视喜欢的人。因为不信任人类或者惯于虚情假意，

它们迂回靠近，只索取能带给它们享受的抚摸。和狗这种把所有感情倾注于主人身上的动物不同，猫似乎只在乎自己的感受，给爱附加条件，为了滥用关系而与人交往。因为这种爱占便宜的天性，猫和人相处得不如狗和人相处得好，狗对人总是忠心耿耿。

如此长的罪状，我可以一一反驳，但这是浪费时间。我先引用德·屈斯蒂纳女士的一封信里的内容来驳斥布丰：

要是我对您说，狗对人的依恋根本无法打动我，您一定会痛批我。它们像是被迫喜欢我们，像忠诚的机器，而您知道我多害怕机器。机器会让我想起一些个人恩怨……猫咪万岁！说来奇怪，狗和猫相比，我更喜欢猫。它们更自由、更独立、更自然。人类文明没有变成它们的第二属性。它们比狗更质朴、更优雅，只在需要时与人相伴，可以在沙龙旁的檐沟随时恢复天性，然后在那儿嘲笑它们的暴君。

偶尔，它们会喜欢上这位暴君，但不会变成卑微的奴隶，不会像卑贱的狗亲昵地舔伤害自己的手，狗只是不知道移情才会如此死心塌地。

自然学家索尼尼和布丰有过合作，不过在评判猫的时候，他没有沾染布丰对猫的厌恶。他说：“多年来，这只动物（安哥拉猫）是我最温柔可亲的伙伴之一。它的温柔抚摸让我多少次忘记了烦恼，安慰了遭受诸多不幸的我。我最好的伴侣走了，它在最后几天饱受煎熬，我守在它身边寸步不离，直到始终盯着我的双眼闭上。它离去后，我的心中只剩苦痛。”

加利亚尼也不同意布丰对猫的尖刻批评，他对猫极具同情心，这封给德皮奈女士的信中就有这样一段：

我在那不勒斯的生活比您在巴黎的生活还要乏味。我不喜欢这里的一切，除了陪伴我的这两只猫。昨天，因仆人的过失，其中一只不见了，我特别生气，打发走所有人。所幸今天上午，它被找到了，否则，我会绝望至死。

这些证言足以驳倒布丰对猫的指控。

8　猫在建筑中的作用

中世纪的宗教建筑和民宅大量使用神兽作为外墙装饰物，猫不在其中。然而这时，第一批安哥拉猫已经来到法国，小说《玫瑰》中提到了这种动物，而且作者还把它的皮毛与神态与受俸教士做了比较。雕塑家不似埃及人，没有看到猫的线条美。总之，猫脸没有启发雕塑家设计一些怪模怪样的图案，刻在十二世纪满是神怪装饰的教堂上。

费利西·戴扎克女士写过一篇关于建筑中的动物的文章（《建筑杂志》，第七卷，1847—1848），她把猫列为象征符号，但却无法从多如牛毛的考古发现中找出具体案例。

到了文艺复兴时期，猫的形象开始出现在建筑中。在特鲁瓦博物馆，一根十五世纪的柱头雕刻的就是猫。要是这只猫雕刻得还不错的话，我非常愿意在此附上一张素描。

画家兼考古学家菲绍先生画过很多奇怪建筑，他给我看过一幅画，画的是里塞－上－里夫[1]的一栋房子的门楣。门楣的浅浮雕里有一只猫，几只鸡、一只狐狸和一只老鼠模样的动物。由于雕刻技术过于粗陋，猫的特征不明显，就不在此展示这幅画了。

可能人们觉得猫缺少贵气，所以只有制作招牌的工匠把猫当成创作对象——卷线团的猫、钓鱼的猫或者因为谐音被用于店名，如“锯木头的猫”（Chats scieurs，与“眼朦胧”chassieux 谐音），或者“充满诡计的靴子”，爱开玩笑的鞋匠在门牌上画了一只靴子，靴子里钻出一只小猴、一只猫还有一个女人的脑袋。

如果将来有人出一本关于商店招牌的书，应该会收录更多这方面的信息。

---

① 今法国东部奥布省莱里塞市。

9 传说

要搜集关于猫的传说并不难，几乎所有民族都对猫科动物发挥过想象力。我只举三个例子，一个是古代的，一个是阿拉伯世界的，一个是俄国的。

古希腊人认为，猫是献给纯洁的雅典娜女神的。希腊神话故事说，雅典娜为了嘲笑狮子创造了猫，而狮子是她的哥哥阿波罗为了吓唬她创造出来的。

我在本书前几章写过，古代神话学家纷纷演绎这个传说，把主人公改成太阳和月亮。

阿拉伯博物学家达米里在伊斯兰教历纪元八世纪（也就是十四世纪）写的《动物史》描绘了猫诞生的情形：

根据阿拉伯人的传说，诺亚把成对的动物放入方舟时被亲友问："如果狮子和我们一起挤在这艘船上，我们和动物何来安全？"于是首领祈求上帝。热病瞬间从天而降，降到万兽之王身上，方舟上的乘客恢复平静。对于热病的起源，没有别的解释。船上还有一个令人头痛的敌人——老鼠。诺亚的同伴提醒他，行李和食物很难保全。首领再次向全能的主祷告，狮子打了个喷嚏，一只猫从它的鼻孔中喷出。从此，老鼠变得胆怯，习惯躲在洞中。

俄国的传说揭示了猫狗对立的原因：

狗被创造出来时，原本应该等着它的“毛皮”。可它没有耐心，跟第一个召唤它的人走了。召唤它的是魔鬼，魔鬼把狗变成跑腿的，有时狗确实会这么做，于是原本要给狗的皮毛给了猫。可能这就是这两种四足兽互相厌恶的原因，因为狗认为猫偷走了属于它的东西。

10 母猫的母性

夏尔·阿瑟利诺[1]得知我在研究猫，给我寄来一份观察笔记：

我家母猫是在乡下产崽的。我给它留了一只幼崽，免得它涨奶，另一只送给了洗衣女工。

一天夜里，小猫发出令人崩溃的惨叫，整栋房子里的人都被吵醒了。此时，外面下着瓢泼大雨。

心地善良的园艺女工起身，找到这只被淋得半死的小猫，它全身僵硬，几乎快要死了。女工抱起小猫，把它带走，为了让它暖和过来，她把它放在自己床上睡觉。

第二天早晨，有人把小猫带到猫妈妈身边。小猫贪婪地扑向它，钻到它肚子下面找奶喝。母猫使劲把它推开，毛都竖起来了，咒骂小猫，还挥舞着利爪。我们试了二十次，结果都一样。

---

① 夏尔·阿瑟利诺（1820—1874），法国作家、评论家，波德莱尔的挚友。

我们都很震惊，对这只虐待子女的母猫十分不满，才分开两天，它就不认自己的孩子。我的几个侄女哭着说：“哦！真卑鄙，差劲的母亲！”

最后，我们决定把小猫送回洗衣女工家，顺便狠狠骂她一顿，居然在那种天气把刚出生的小猫扔到门外。结果我们看到了什么？真正的小猫崽舒服地躺在软垫上，旁边还放着一碟奶。

我们都错怪了猫妈妈。它的直觉比我们的眼睛更能明辨是非。它一下子就发现我们送过去的小猫不是它亲生的，于是推开小猫，以免伤害自己的猫宝宝。这难道不是一个关于母猫的好故事？①

---

① 本书印刷期间，我收到大量观察笔记，这些笔记来得太迟，可能会影响书的出版计划。任何艺术作品貌似都有前后不一致的问题，但作家还是应该避免增补。——原注

11　加里亚尼对猫语的分析

加里亚尼的新书令我自豪，那个那不勒斯人论述了猫的恋爱。我和狄德罗的好友在猫的语言问题上观点相似，除了关于猫叫的细节。

聪慧的神甫说：“人类养猫已有几个世纪的历史，我发现没有人好好研究过它们。我家有公猫，也有母猫。我将它们和外面的猫隔离开，想研究它们的生活。你们相信吗？在它们相爱的那一个月，它们从来没有发出过猫叫声。这种叫声应该不是猫的爱情语言，而是为了呼叫不在身边的人或者猫。

“还有一个比较确定的发现——公猫和母猫的语言完全不同，当然，它们的语言本来就应该有差别。鸟类的差异很明显，雄鸟和雌鸟的歌唱完全不同。然而四足动物的雌雄差别，我觉得还没有人注意到。另外，我可以肯定，在猫的语言中至少有二十种音调变化，它们真的有自己语言，因为它们总是用相同的声音表达同一件事。”

12　画猫的拉斐尔——戈德弗鲁瓦·敏德

德平在《世界名人传》中介绍了以画猫著称的戈德弗鲁瓦·敏德。我从这篇人物介绍中摘录了一些内容，那些认为艺术家应该把猫画得更好的读者可能会对这部分内容感兴趣。

戈德弗鲁瓦·敏德 1768 年出生在伯尔尼，父亲是匈牙利人。他跟随画家弗罗伊登贝格学习绘画，他的老师在艺术史上没有留下什么痕迹。德平写道：

个人喜好促使敏德去画动物，特别是熊和猫。猫是他最喜欢的主题。他喜欢用水彩展示猫的各种姿态，独自待着的猫或者群猫。他画的猫栩栩如生、浑然天成，可能没有画家可以超越。从某种意义上说，他画的是猫的肖像，能展现猫的甜腻、狡猾的细微差别，画出和猫妈妈玩耍时小猫千变万化的可爱姿态，还能最大程度还原猫细心打理过的皮毛。总之，敏德笔下的猫就像在纸上复活了。勒布伦女士每次去瑞士旅行都会买几张敏德的画，她把画家称为“画猫的拉斐尔”。王侯将相走遍瑞士，都想得到几张敏德画的猫。瑞士还有其他国家的艺术爱好者在钱包里珍藏这些小画。画家和他的猫从不分离。工作时，他最喜欢的母猫就在他身边，好像他可以和这只猫对话。有时，这只猫会趴在他腿上，两三只小猫在他肩膀上爬来爬去，他就连续几个小时保持一个姿势，以免惊扰为他排解孤寂的伙伴。接待登门拜访的客人时，画家就没有这种好脾气，而且他对此毫不掩饰。

敏德一生最伤心的事就是1809年伯尔尼警察局下令扑杀全城的猫，当时狂犬病肆虐。他不得不把最喜欢的母猫米内特藏起来。八百只猫因为公共安全丧命，这给他带来了难以言说的悲伤，此后他再也没能从那份痛苦中解脱。

他也喜欢欣赏以动物为主题的画作。不过，没能把他最爱的动物画得生动逼真的画家可要倒霉了。纵然他们在其他领域才华横溢，也无法博得敏德的青睐。

冬日夜晚，他找到另一种关照自己喜爱的动物的方法——把板栗雕刻成熊或者猫的形状。这种精巧得令人赞叹不已的小物件销路特别好。

敏德个子不高，头很大，眼窝深陷，脸庞呈红褐色，声音低沉，略带沙哑，加上他神色阴郁，让第一次见到他的人害怕接近他。

他于 1814 年 11 月 8 日在伯尔尼去世。为了纪念他，有人有趣地改编了卡图卢斯[1]为死去的麻雀写的诗：

“悲悼吧，猫和熊，

你们的朋友死了。”

还有另一位古人的诗句：

“他和猫还有可怜的熊一起长眠。”

---

① 卡图卢斯（约前 87—约前 54），古罗马诗人。

13　日本画家葛饰北斋[①]

这本书里大多数插画出自一位日本大师之手，大约五十年前，他就在日本过世了，生前留下大量作品，最主要的一个系列有十四册，在巴黎出版后，成为艺术家模仿的对象。

这位画家名叫葛饰北斋，我们可以把他比作日本的戈雅，这样更容易理解他的功绩。他时而冲动，时而充满幻想，他画版画的方法也常被拿来和创作《狂想曲》的画家比较。比起旅行家和不懂日语的教授，葛饰北斋的画使人们更容易理解日本。这些画册极大地宣传了日本艺术，让人们了解到日本的文化和民族智慧，这个民族坚定地去获取欧洲的先进工业技术。

我不是要大家关注这些泛泛之谈，然而艺术的力

① 本书作者错将歌川国芳当成了葛饰北斋。歌川国芳（1798—1861），浮世绘歌川派晚期的大师之一，以爱猫画猫著称，不仅画室作坊里到处养猫，连作画时怀里也抱着猫。除了写实的“猫绘”，歌川国芳还以描画拟人化猫著称。他对猫的姿态观察细致、笔触敏锐，虽然画猫，但实则以猫为载体来表现当时江户平民百姓的日常生活。葛饰北斋（1760—1849），浮世绘画家，他的绘画风格对后来欧洲画坛影响很大，德加、马奈、凡·高、高更等印象派大师都临摹过他的作品。

量如此巨大，一本画册就打开了一片天地，这实在让人难以忽视。

葛饰北斋是具有独创性的艺术家。虽然他的画和戈雅的画有相近之处，但可以肯定，这位日本艺术家完全不了解西班牙绘画，戈雅的《狂想曲》和《斗牛》在五十年前几乎无人知晓，就连在法国也没几个人知道。

葛饰北斋从自身性格、国家体制、风俗习惯和绘画带来的名望中找到了能施展其才华的素材。他对猫的研究让我更加欣赏他的才华。在他的画册中，有一页画了 24 幅不同姿态的猫，很遗憾，我无法复制在此。

希望读者喜欢这本书。作者将尽全力通过文字和插图完善这部作品。